VOYAGE
PITTORESQUE
DES ISLES
DE SICILE, DE LIPARI
ET
DE MALTE.

VOYAGE
PITTORESQUE
DES ISLES
DE SICILE, DE LIPARI
ET
DE MALTE,

Où l'on traite des Antiquités qui s'y trouvent encore; des principaux Phénomènes que la Nature y offre; du Costume des Habitans, & de quelques Usages.

Par JEAN HOUEL, Peintre du Roi, de l'Académie des Beaux-Arts de Parme, de celle des Sciences & Arts de Rouen, & du Musée de Paris.

TOME QUATRIÈME.

A PARIS,
DE L'IMPRIMERIE DE MONSIEUR.
M. DCC. LXXXVII.

*Vue Extérieure de la Roche appellée Château d'Ispica
dans la vallée de ce nom près de Spaccaforno.*

VOYAGE PITTORESQUE DES ISLES DE SICILE, DE LIPARI, ET DE MALTE.

CHAPITRE TRENTE-CINQUIEME.

Vue du Château d'Ispica. Vue générale de la Cavée d'Ispica. Antiquités de Spaccaforno. Voyage à Modica: ses antiquités & celles des environs. Voyage à Raguse: antiquités & histoire naturelle de ses environs: découvertes de ses ruches. Passage à Scicli: ses antiquités.

PLANCHE CCV.

Vue de la Façade du Château d'Ispica.

Ce château n'est qu'une portion de rocher très-éminente, très-distinguée du banc de roche qui le suit & qui le précède dans la longueur de la cavée d'Ipica. Sa figure, jointe aux habitations qu'on y a pratiquées, lui a fait donner le nom de château. Ces habitations ont été creusées long-temps avant qu'on eût imaginé de bâtir des châteaux, long-temps avant qu'il y eût en Sicile des nations étrangères.

Cette roche a environ cinquante toises de face en sa totalité: on voit au milieu un escalier A qui conduit au premier étage B. De ces habitations, dont presque toute la façade est tombée, il n'en reste que des portions, telle que C, derrière lesquelles on distingue plus ou moins sensiblement les planchers qui marquoient les différens étages D E F. Les trous G sont les fenêtres des autres chambres de ces mêmes étages. Les trous H H sont des habitations du rez-de-chaussée : elles sont représentées à la même place dans la planche précédente CCIV.

Les autres ouvertures que l'on voit à la roche latérale, sont encore les entrées d'autres appartemens du même genre : voyez I I. Mais ce qui prouve, ou une haute antiquité, ou une intention particulière, c'est qu'on ne voit à la plupart aucun chemin, sentier ou escalier, par lesquels on pût parvenir à ces demeures : il falloit qu'on y grimpât par des échelles de bois ou de cordes, ou par quelques aspérités laissées à la roche, que le temps a tellement détruites, qu'il n'en reste pas le moindre vestige. Mais de quelque manière que leurs habitans y arrivassent, on voit qu'ils vivoient dans des craintes continuelles, & que, pour goûter un peu de tranquillité, il falloit qu'ils fussent logés d'une manière inaccessible.

J'ai vu dans bien des endroits des hommes habiter des logemens creusés dans les rochers : il y en a qui habitent ainsi dans des collines au bord de la Seine, et dans d'autres au bord de la Loire ; mais l'accès en est facile. Ils ont trouvé plus prompt, plus commode et moins dispendieux de creuser une roche tendre, que d'en détacher des parties, de les tailler, de les transporter, de les assembler, & d'en édifier un bâtiment. Ce sont des cultivateurs qui vivent tranquilles à l'abri des lois & des précautions d'une police vigilante. Ce qui fait croire que les habitans de la Sicile vivoient dans une crainte perpétuelle, ce sont les précautions qu'ils ont prises pour qu'on ne pût parvenir jusqu'à leur demeure, soit par le local où ils les choisissoient, soit par la précaution de n'avoir que des escaliers suspendus, qui ne descendoient pas jusqu'à terre, soit par le soin de n'avoir à leur domicile qu'une entrée étroite, faite en forme de puits, & qui ne permettoit pas qu'on y parvînt sans peine. Ces précautions même supposent que ces hommes avoient une connoissance au moins grossière des premiers arts. Il leur falloit des instrumens de fer, & vraisemblablement ils avoient des vêtemens & quelques meubles. Les fabriquoient-ils, ou les avoient-ils eus en échange ? Mais qu'avoient-ils à échanger ? Et qu'ont les sauvages de l'Amérique pour obtenir des fusils, des balles, de la poudre, des couteaux, de l'eau-de-vie ? Quelques peaux de bêtes. La Sicile, du temps d'Homère, étoit renommée par ses troupeaux. Les Phéniciens certainement y prenoient dans leur navigation des bestiaux & des fruits, sur-tout à leur retour d'Espagne ou des Hébrides. Delà, les premiers échanges qui fournirent des instrumens aux Sicules, & les premières terreurs qui les engagèrent à se cacher dans les rochers pour fuir les pirates qui abondèrent de tous temps sur cette mer. L'usage de se cacher dans des rochers a pu précéder les siècles policés, & s'est perpétué & renouvelé certainement pendant les guerres civiles, & les guerres de Carthage & de Rome, & tant d'autres qui ont désolé cette isle féconde & malheureuse. Les cultivateurs des riches campagnes qui couronnent ces rochers, ont été fort souvent obligés d'avoir recours à ces demeures souterraines, élevées & inaccessibles. On voit même par la différence de ces grottes, que les unes ont été faites dans des siècles antérieurs par des hommes grossiers, & pour des hommes grossiers ; tandis que d'autres ont des commodités qui indiquent des hommes habiles & des habitans délicats.

Un ruisseau d'une très-belle eau passe au devant de cette habitation, & c'est la proximité de cette eau qui, sans doute, avoit déterminé les peuples à se fixer dans un lieu si sauvage. Dans l'un des appartemens du rez-de-chaussée, il y a un filet d'eau qui sort du rocher par un petit trou que la nature a creusé : afin de recevoir cette eau, on a pratiqué au dessous, dans la roche même, une cuvette assez semblable à un petit sarcophage. C'est une singularité bien curieuse que le jet de cette eau au milieu d'un massif de rocher : on n'en trouveroit peut-être pas un autre exemple.

Mes observations prises sur ce prétendu château, je poursuivis ma route vers le nord, dans le dessein de visiter la cavée d'Ispica.

Vue générale de la Cavée d'Ispica
prise à quelques pas au Nord du Château d'Ispica.

DE SICILE, DE LIPARI, ET DE MALTE.

PLANCHE CCVI.

Vue générale de la Cavée d'Ispica.

Le premier plan de cette estampe offre un lieu situé à quelque pas au nord du château d'Ispica : l'aspect que présente cette gravure suffit pour avoir une idée de la forme de cette cavée, & de la manière dont y est distribuée la prodigieuse quantité d'habitations que l'on a creusées dans la roche des deux côtés, à toutes sortes de hauteurs.

Elles sont toutes dégradées comme celles du château d'Ispica. Toutes ces cavités quarrées A A, dont la plus grande partie sont horisontales, offrent l'image de chambres dont la façade est tombée ; il y en a plusieurs étages. On ne peut pas faire un demi-mille dans cette vallée, sans en rencontrer ainsi des multitudes à droite & à gauche : il y a des rochers dont la façade en est toute remplie, c'est-à-dire, percée du haut en bas dans toute sa longueur, comme celui que je présente ici A A. Cette cavée a huit milles de long : qu'on se figure quelle prodigieuse quantité d'habitans elle a eue, si toutes ces grottes, ou chambres creusées dans la roche, ont été habitées en même temps ; mais il est vraisemblable qu'elles n'ont été creusées que successivement. Ce qui peut le faire croire encore, c'est qu'on ne voit point où ils enterroient leurs morts, & qu'une si grande population auroit demandé des catacombes immenses. Je crois bien cependant que des hommes dont les mœurs étoient aussi simples, n'avoient pas le goût d'avoir des tombeaux fastueux, propres à transmettre à la postérité les titres des plus éminens d'entre eux : mais encore falloit-il déposer leurs morts quelque part ; & communément plus les peuples sont simples, plus les morts sont honorés.

Je me suis toujours demandé, & je n'ai jamais pu savoir comment des hommes arrivoient à celles de ces demeures qui sont les plus élevées, car il y en a d'une hauteur excessive, & elles ne communiquent pas intérieurement aux inférieures : pour peu qu'elles soient un peu éloignées l'une de l'autre, toute communication est interrompue entre elles.

A l'extrémité septentrionale de cette cavée, on rencontre une vaste enceinte, où il y eut une ville grecque dans des temps bien postérieurs. Les rochers, à toutes sortes de hauteurs, sont percés par des grottes sépulcrales, ornées d'inscriptions grecques. On a creusé aussi au bas des rochers, à peu d'élévation au dessus du sol qui fait le fond de la cavée ; on a creusé, dis-je, avec soin des demeures, telles, qu'il semble que des architectes très-habiles aient présidé à l'ordonnance de ces appartemens. On y remarque tout ce qui peut favoriser la commodité, de petits corridors, de petits escaliers de dégagement, &c. Il est certain qu'on pourroit très-bien y habiter, &, sans y rien changer, on pourroit les arranger très-agréablement.

Dans l'endroit que les habitans de ces demeures agrestes appellent *l'épicerie*, parce que de grands carrés creusés dans les murs latéraux de ces chambres lui donnent quelque ressemblance avec une boutique d'épicier, il y a des murailles cintrées en routs creusés, des espèces de bancs, des espèces de bassins hexagones dans le plancher. On ne sait à quoi attribuer ces singularités.

Non loin de ce lieu, mais plus au commencement de la cavée, s'élève une monticule qui renferme la plus grande grotte sépulcrale de la Sicile : elle a vingt-trois toises de profondeur ; elle est disposée en trois nefs parallèles : celle du milieu est la plus profonde ; celles des côtés ont de petites grottes, toutes plus ou moins remplies de sarcophages. J'en ai compté quatre cents cinquante ; ils sont disposés dans tous les sens ; ils sont de toutes grandeurs & pour tous les âges : quelques-uns n'ont que dix-huit pouces de long. Ces trois nefs n'ont qu'une seule entrée.

Quelques-unes des antiques grottes à tombeaux de cette cavée sont habitées aujourd'hui par quelques familles d'hommes simples qui vivent de la culture de quelques vergers : près d'une source pure & abondante où s'abreuve leur bétail, une terre fertile fournit aisément à tous leurs besoins. Ces bonnes gens m'accueillirent avec une bonté & une simplicité tout-à-fait touchante.

En revenant à Spaccaforno, j'ai observé que les eaux qui coulent au pied de ces rochers, & qui suivent les détours de cette cavée, disparoissent pendant de longs intervalles, & se représentent ensuite sous l'apparence de petits lacs charmans. Au sortir de ces lacs, ces eaux se précipitent en mille cascades qui forment des beautés d'un genre bien pittoresque.

Cette cavée se ramifie dans sa longueur, sur-tout à son extrémité méridionale, où le banc de roche, étendu de plusieurs lieues, & à-peu-près plane à sa superficie, est presque toujours escarpé ; dans bien des endroits, sur-tout aux angles rentrans, la pierre se fend perpendiculairement. Les eaux qui s'introduisent dans ces fentes, les agrandissent ; les pierres se dégradent & se détachent ; les pluies abondantes forment des torrens qui les entraînent ; leur absence laisse un vide qui s'accroît comme il a commencé. C'est une nouvelle cavée qui se forme, c'est l'image de la manière dont s'est formée toute la cavée d'Ispica, & la grande cavée, & celle de Spinpinatus, & tant d'autres qui sont dans le val de Noto.

Il y a près de Spaccaforno un rocher isolé qui est tout entouré d'eau : la facilité d'en défendre l'entrée, l'a fait habiter dès la plus haute antiquité. Une colonie grecque y a résidé. On n'y voit plus actuellement que des grottes dont les unes ont servi à loger les vivans, & les autres les morts. Un escalier pratiqué dans l'intérieur de la roche, pour descendre depuis le haut jusques en bas, afin de puiser de l'eau sans être vu & sans courir aucun danger, fait présumer, par sa beauté, que les habitans de ce rocher connoissoient les arts & savoient les employer.

Cet escalier est de la plus belle exécution : je n'ai pas descendu jusqu'au pied, parce qu'il est rempli de gravois. Le haut de cet escalier est à seize toises au dessus du sol : il a vingt-quatre toises de pente, quatre pieds neuf pouces de large, cinq pieds six pouces du rampant des marches au rampant du plafond, mesurés à angle droit : les marches ont un pied de giron & huit pouces de hauteur. On croit que cet escalier dépendoit du château d'Hipsa, dont on a fait avec le temps le nom d'Hispica, puis cavée d'Ispica, ou cavée fendue : comme de Pacca Furno on a fait Spaccaforno, nom de la ville moderne, aussi bien que de l'ancienne.

La ville de Spaccaforno étoit placée sur la cime du rocher où est cet escalier : elle fut renversée par le terrible tremblement de terre de 1693. On avoit employé sans scrupule, pour bâtir cette ville, tous les matériaux grecs qui, dans ces contrées, avoient échappé aux Romains & aux Sarrasins : c'est pourquoi l'on n'y trouve plus rien d'antique que les grottes taillées dans la roche par les premiers habitans de ce lieu.

Au sortir de la cavée d'Ispica, au midi, en tournant ses pas sur la gauche, on rencontre des grottes en si grand nombre & dans une si grande étendue de pays, qu'il est évident qu'il y a eu des villes à différentes époques, & que le charme de la situation les y a fait établir successivement.

Spaccaforno a été rebâtie à l'extrémité de la cavée d'Ispica. On y célèbre le jeudi-saint avec une pompe singulière. Le sujet de la fête, c'est Jésus-Christ, mais Jésus-Christ flagellé. Ce jour étant le dernier du carême, le peuple s'y livre à des excès de joie qui sont peu croyables : il s'y fait des processions nocturnes qui donnent quelquefois lieu à des aventures plus convenables à l'obscurité de la nuit qu'à l'esprit de la fête. On m'a dit que le spectacle des processions & de la flagellation de Jésus-Christ y attiroit autrefois des pélerins de très-loin : mais ces pélerins ayant commis d'étranges excès dans les processions nocturnes, on ne reçoit plus d'étrangers dans cette ville pendant la fête, ni pendant les trois jours qui la précèdent & les trois qui la suivent. De sorte que s'il se commet dans ces jours quelques indécences, elles se passent entre citoyens, comme une histoire de famille que des gens sages ne laissent point connoître aux étrangers.

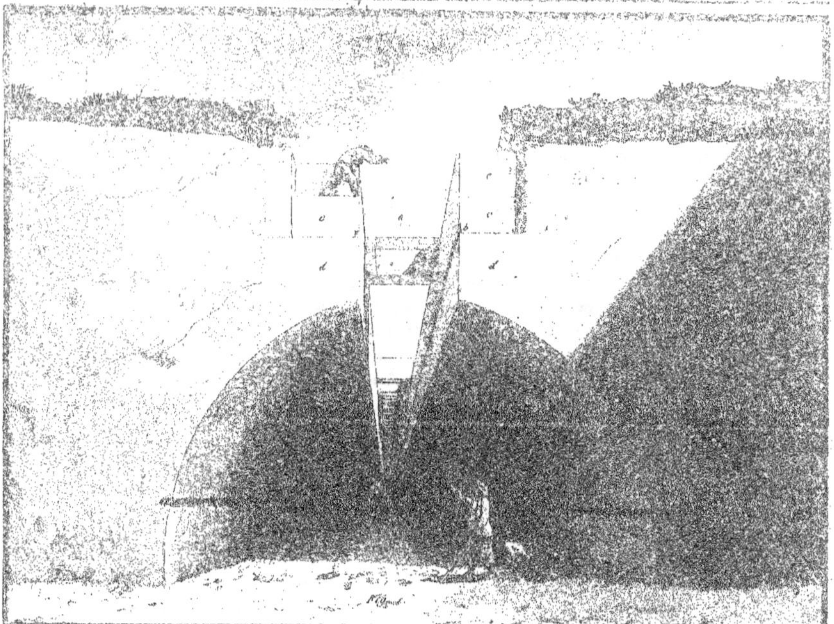

Pl. CCVII.

Intérieur d'une antique Citerne ou Reservoir d'eau appellé Grotte de St. Philippe.

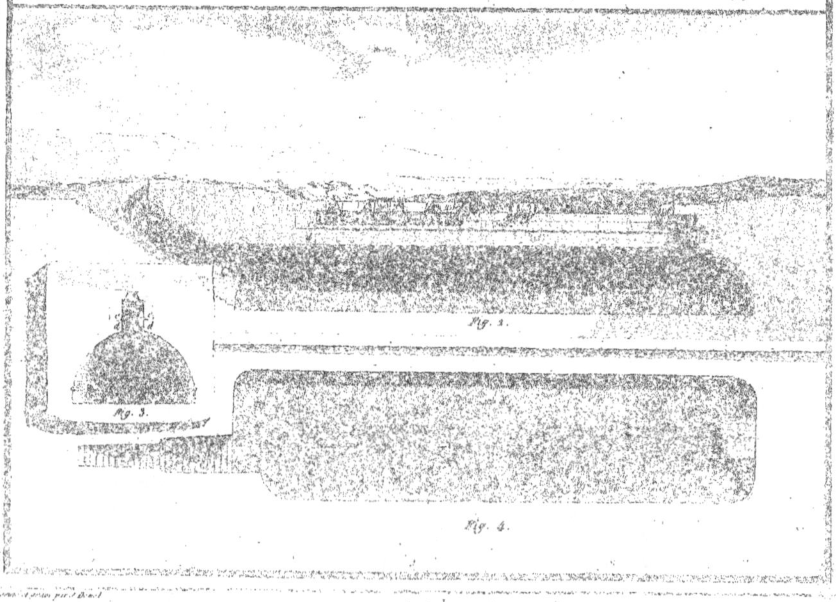

Coupe longitudinale de la Grotte de St. Philippe Fig. 2.
Coupe transversale de la meme Grotte Fig. 3. avec son Plan Fig. 4.

Je passai de Spaccaforno à Modica, ville considérable du val de Noto, située au centre de plusieurs cavées, dans le point où elles se réunissent & où passe une petite rivière.

Chaque habitant y élève pour son usage des cochons noirs : aussi cette ville l'emporte en saleté sur toutes les autres villes de la Sicile, où cependant on ne brille pas pour la propreté.

Je visitai les endroits remarquables du lieu & de ses environs, la grotte de Saint-Philippe à six milles de Modica ; d'abord on me fit passer par la grotte des piliers, grotte remplie de tombeaux, & semblable à toutes les autres : elle recèle toute la population de quelque petite ville antique, bâtie dans ses environs, & aujourd'hui détruite & inconnue.

De là, nous passâmes à la grotte del Pirato, dans une terre qui appartient aux carmes de Modica. Là, on voit de tous côtés des caveaux de toutes grandeurs & de toutes formes, creusés à sept ou huit pieds au dessous de la surface du sol : tous remplis de sarcophages, ils n'offrent rien de particulier & ne servent qu'à prouver que tous ces lieux ont été habités. A trois milles de là, une petite croix de pierre, élevée sur une grande pierre, annonce la grotte de Saint-Philippe.

PLANCHE CCVII.

Vue intérieure, Plan & Coupe de la Grotte de Saint-Philippe.

La grotte de Saint-Philippe est une cavité longue, creusée dans la roche à vingt pieds au dessous de la surface de la terre : voyez fig. 1. Il semble que ce vide ait été voûté, & qu'on ait ouvert cette voûte. Ce vide, disposé du nord au midi, a soixante-dix-huit pieds de long, dix-sept de large, & neuf d'élévation. La baie qu'on a pratiquée sur la longueur de cette espèce de voûte ouverte en totalité, est encore en partie recouverte par des pierres percées exprès, afin que l'air puisse pénétrer dans cette cavité, & la rendre salubre. On trouve à son extrémité un escalier bien fait. (Voyez le plan, fig. 4, & la coupe, fig. 2 & 3). Ce lieu singulier a été travaillé avec soin, avec exactitude, goût & précision. Il y a jusqu'à un refend B au bas de la première assise de pierres C posées sur la roche D & soigneusement taillées. Ce refend est un ornement que les Grecs employoient quelquefois au dessous des gradins de leur temple. Ce morceau est un chef-d'œuvre d'exécution. C'est un ouvrage grec, du plus beau temps où ce peuple occupoit la Sicile : ouvrage bien propre à nous faire regretter l'édifice auquel ce souterrain appartenoit.

Je crois que ce souterrain, placé dans une plaine aride, loin de toutes vallées, ruisseaux, fontaines ou sources, étoit destiné à recevoir & à conserver les eaux pluviales ; & je ne suis pas étonné qu'il soit d'une si belle ordonnance & d'une si parfaite exécution chez un peuple qui cherchoit la perfection en tout genre.

Le refend horizontal qu'on voit de chaque côté de cette voûte, à quelques pieds au dessus de la terre, est moderne, & je n'ai pu deviner pour quel usage on l'a fait.

Ce lieu prit le nom de grotte de Saint-Philippe, quand on en eut fait une chapelle consacrée à ce Saint. L'autel étoit en F. Cette chapelle devoit être & belle & singulière : voyez le plan, fig. 4. Lorsque je la visitai, on y voyoit encore des peintures qui représentoient des Saints, des Anges, la Vierge & l'Enfant-Jésus, & Dieu le père, en style gothique. Il y avoit aussi des caractères grecs.

Cette chapelle est aujourd'hui abandonnée.

Je me rendis de ce lieu à la grotte de Peninello de Jurato, en passant par la route qui conduit au Pozzino, c'est-à-dire, au petit puits. C'est une grotte remplie de tombeaux, comme tant d'autres. Je rencontrai tout auprès un homme mort qu'on avoit assassiné & caché tout habillé dans ce lieu.

Je revins à Modica, l'antique Motica selon Aidone ; antique colonie des peuples de la Lycie, qui vinrent s'établir en Sicile. Ils furent chassés de cette ville par les Phéniciens : c'est à peu près tout ce qu'on en fait. Je n'ai vu dans ses environs que de vieilles grottes à tombeaux, dévastées par les hommes ou par le temps. Je fus mené chez des franciscains, espèce de capucins qui ont un cloître magnifique, dans le goût de celui des bénédictins de Mont-real, dont j'ai parlé dans le sixième Chapitre. Ce cloître superbe est un chef-d'œuvre pour ses belles mosaïques en or, en marbre, en porphyre, en jaspe, en pierres de toutes sortes de couleurs. La vaste étendue des bâtimens ajoute encore à leur beauté. On m'assura que ce monastère étoit encore un monument de la piété du comte Roger.

De Modica je me rendis à Raguse.

De Raguse.

Cette ville moderne est fondée sur les ruines de l'antique Hybla mineur; c'est-à-dire, que cette ville grecque est encore considérée comme un Hybla par le père Massa, qui rapporte nombre d'autorités pour appuyer son sentiment.

Dès que j'y fus arrivé, je me transportai dans un lieu qu'on appelle les cent puits; c'est une plaine située vers le couchant, où plusieurs routes se croisent, environ à quatre ou cinq milles de Raguse. De ces cent puits, que des vieillards de Raguse m'ont dit avoir comptés, il n'en reste plus que dix ou douze de visibles. Ils sont à vingt ou trente pieds de distance l'un de l'autre : ils sont carrés, de trois pieds de large sur six de long, & douze à quinze de profondeur : ils sont taillés dans la roche. Ces puits n'étoient que des citernes. Non loin de là, on trouve une petite grotte sépulcrale, taillée dans un endroit où la roche s'élève de huit pieds au dessus du sol où l'on a creusé les cent puits. Au dessus de cette roche sont les ruines presque anéanties d'une très-ancienne ville; ce qui fait présumer que ces cent puits appartenoient aux maisons de cette ville. C'est encore une cité dont le nom ne nous est pas parvenu.

A trois milles plus loin, en suivant la même route, à l'entrée d'un vallon, on trouve encore vingt & un puits, semblables aux précédens : ils étoient enclavés dans des maisons, comme on peut le juger par les ruines. Ce lieu semble avoir été une rue creusée dans la roche : il y avoit des édifices adaptés à des chambres creusées dans cette roche.

Plusieurs de ces puits, éloignés les uns des autres de quinze, trente ou quarante pieds, se communiquent entre eux par un canal souterrain ; on voit des deux côtés de la rue, & sans doute chaque maison avoit le sien. Ils ont douze pieds de profondeur & six sur trois de large : j'y ai vu de l'eau d'une parfaite limpidité. Ce lieu est sur la cime d'une montagne, à cent toises au dessus du niveau de la mer, que l'on voit à plus de dix milles de distance.

Dans l'été, ces puits sont à sec, mais les habitans de Raguse m'ont assuré qu'ils se remplissent lorsque le vent souffle du côté du couchant, & qu'ils se vident lorsqu'il cesse.

A un bon mille plus loin, vers le couchant, nous avons apperçu à la surface du rocher, dans l'étendue de vingt toises, beaucoup de sarcophages en bouches de four : ils sont presque détruits par leur haute antiquité. A côté, il y a une grotte semblable à un labyrinthe : elle est pleine de tombeaux. Plus loin, vers le nord, il y en a une d'environ soixante pieds de profondeur, qui mérite qu'on la décrive.

PLANCHE CCVIII.

Grotte à tombeaux.

La province de Sicile que nous parcourons actuellement, est celle qui a dû être le plus facilement & le plus agréablement habitée. On en voit des preuves à chaque pas : c'est par-tout des ruines

Interieur d'une Grotte Sepulchrale. Fig. 1.

Plan géométral de la Grotte Sepulchrale. Fig. 2.
Plan Coupe et Façade laterale des Tombeaux a. b. de ce Plan Figure 3.

dont les différentes conſtructions annoncent des époques différentes & des peuples divers, & où la naiſſance, la ſplendeur, la décadence des arts ſe font appercevoir.

Le banc de roche horizontale qui s'étend dans preſque toute cette province, eſt ſuſceptible d'être taillé, tant dans l'intérieur qu'à l'extérieur. C'eſt ce qui a conſervé ſi long-temps les divers monumens que les différentes nations y ont creuſés, ſelon les circonſtances dans leſquelles elles ſe trouvoient. Il en reſte un très-grand nombre.

La grotte, repréſentée dans cette eſtampe, contient deux ſuperbes tombeaux d'onze pieds de long ſur huit de large : je ne doute pas qu'ils ne ſoient ceux des antiques ſouverains de cette contrée, & qu'on n'ait enſeveli autour d'eux les corps des perſonnes les plus diſtinguées par leur rang ou leur qualité.

La figure première retrace la vue intérieure de cette grotte ſépulcrale, priſe de l'entrée, telle qu'on l'apperçoit en arrivant; ce qui ſert à faire connoître ces lieux funéraires, & la manière dont les tombeaux étoient placés ſous des arcades, tels que j'en ai annoncé beaucoup ſans les repréſenter.

La figure ſeconde offre le plan en relief de cette grotte : on y voit un des tombeaux, entier & iſolé. La colonne du milieu, à l'extrémité du tombeau, étoit mobile ; on pouvoit la déplacer pour faire entrer le mort dans la tombe.

Cette colonne abſente laiſſe appercevoir ſa place taillée dans la roche. Ces deux tombeaux ſont parfaitement ſemblables : ils ſont repréſentés géométralement, fig. 3, dans le plan, à la coupe, & à la façade extérieure. J'ai ſupprimé la moitié d'un des tombeaux, fig. 2, pour en faire voir l'intérieur.

Cette prodigieuſe quantité de grottes, de ſarcophages, & ſur-tout ces deux-ci décorés de colonnes, prouvent que ce pays a connu la belle architecture ; cependant on ignore & le nom de ſes villes & celui de ſes rois, & les époques où il a fleuri. Je croirois volontiers que la ville d'Hybla, & les cent puits qui n'en ſont qu'à quatre ou cinq milles, & celle-ci qui n'en eſt qu'à cinq ou ſix milles, ne ſont pas trois villes qui ont fleuri en même temps, mais la même, pour ainſi dire, qui a changé de place, l'une s'élevant quand l'autre étoit détruite par la guerre.

Retournons à Raguſe, & chemin faiſant, occupons-nous d'hiſtoire naturelle & d'économie ruſtique.

On me conduiſit à une carrière dont on m'avoit ſouvent parlé. On en tire une pierre bitumineuſe qui répand une odeur aſſez forte en temps chaud pour ſe faire ſentir de très-loin lorſqu'on paſſe ſous le vent de cette carrière. En y arrivant, j'ai vu une grande montagne d'une roche brune, moins luiſante que l'ardoiſe, & plus griſe que la châtaigne. Cette roche eſt ſurmontée d'un banc de pierre calcaire blanche, telle qu'on en voit par-tout : ce banc, de couleur brune, a quarante pieds d'épaiſſeur.

La roche eſt formée par zones ou par couches, dont les unes ſont plus brunes & les autres plus claires. Il y a des endroits où la matière colorante abonde plus qu'ailleurs, ce qui les fait reſſembler à des taches. C'eſt à la partie verticale de cette roche expoſée au midi, qu'il eſt facile de voir pourquoi elle eſt colorée & odorante ; elle y paroît ſaturée d'un bitume très-abondant, qui fond lorſque le ſoleil la frappe de ſes rayons : alors il coule en rameaux noirs, très-gros vers leur tronc, & très-effilés vers leur extrémité inférieure. Ces rameaux reſſemblent à des racines ou à des herbes incruſtées dans cette pierre, & ne ſont que du bitume noir comme du goudron. Il n'abonde pas vers le haut de cette roche ; on n'y trouve que de ſimples ſtillations : les couches horizontales de cette roche ne ſont pas diſtinctes ; ce ne ſont que des nuances, des variétés dans la couleur.

Cette pierre brûle comme du bois & donne de la flamme juſqu'à ce qu'elle ait perdu tout ſon bitume : alors elle n'offre plus qu'une pierre d'un gris clair, & dans cet état elle eſt auſſi beaucoup moins dure.

Cette pierre s'emploie pour bâtir, & on en conſtruit les édifices les plus conſidérables : on s'en ſert fréquemment pour carreler les égliſes, & on mêle ces pierres noires avec des carreaux de marbre blanc. Elle réſiſte au frottement plus que la pierre blanche & dure, comme on le remarque dans les anciens carrelages, où les carreaux de pierres blanches ſont uſés & creuſés, & où les noirs s'élèvent en relief au dessus d'eux. On l'emploie avec plus de précision que toute autre pierre, parce qu'elle se rabotte comme du bois : on en fait les chambranles des portes & des croisées : on en fait aussi tous les chapiteaux des colonnes, notamment ceux d'ordre corinthien. On peut même tailler cette pierre aussi facilement qu'un morceau de fromage, sur-tout en été. Le seul inconvénient qui résulte de cette facilité, c'est que les sculpteurs détaillent tellement les découpures des feuilles d'Acanthe, qu'ils en font des feuilles de chicorée.

En hiver, cette pierre devient plus dure, & elle se taille plus difficilement. J'ai observé que, comme elle est saturée d'un corps gras, elle est impénétrable à l'humidité ; qualité qui la rendroit très-précieuse pour carreler & pour lambrisser des salles au rez-de-chaussée, où les eaux pénètrent toujours plus ou moins. En employant cette pierre par tablettes, qu'on uniroit avec un mastic résineux, on interdiroit absolument le passage à toute humidité, & on rendroit très-sec le lieu où on les placeroit. Je suis persuadé que si quelqu'un vouloit en faire usage en France, le port coûteroit plus que l'achat de cette pierre, & cependant elle ne seroit pas fort chère.

Je pourrois, par les connoissances que j'ai dans ce pays, en procurer des carreaux de telle grandeur que l'on voudroit, & même des tables de six pieds de longueur, sur quatre à cinq de large.

J'ai vu dans l'église des capucins trois bons tableaux, dont il y en a un de Morealaise. Celui du maître-autel représente l'assomption de la Vierge. Ce tableau est de la plus grande vérité ; mais son auteur ne raisonnoit pas assez les effets : ses têtes & ses draperies sont d'une vérité frappante.

Dans la cathédrale de la ville basse, on voit trois tableaux qu'on dit de Vitodanna : ils sont trop foibles pour être de lui ; je les crois seulement de son école.

Il y avoir plusieurs endroits à l'extrémité méridionale de cette ville d'Hybla, où l'on élevoit des abeilles. Au midi & au couchant on trouve encore une quantité prodigieuse de ces grottes.

PLANCHE CCIX.

Vallée de la grande Fontaine.

Cette estampe offre une image des vallées ou cavées dont le val de Noto est traversé en tous sens, & dont l'antique Raguse étoit environnée presque entièrement, à l'exception de l'Isthme qui communique à l'emplacement qu'occupoit cette ville ; ce qui la rendoit très-facile à défendre : qualité alors préférable à toutes les autres pour fonder une ville.

Il reste encore quelques assises, de grandes & belles pierres, des murs d'Hybla ; elles sont de construction grecque. C'est tout ce que j'en ai pu voir : le reste est absolument détruit. Au midi on voit beaucoup de ces grottes qui servoient de ruches aux abeilles, comme je les ai représentées en A au pied du rocher : je n'ai pu trouver par quel endroit on arrivoit au second étage de ces grottes ou ruches ; je ne doute pas que ce ne fût à l'aide d'une échelle.

PLANCHE CCX.

Vue des Grottes qui servoient de ruches. Plan de ces ruches au bas de l'estampe. Escalier antique à Scicli. Fig. 2.

J'ai pu examiner de près les petites grottes que présente cette portion de rocher, & j'ai satisfait ma curiosité. Elles sont placées à quelques pas au dessous de la surface supérieure du rocher, dans la partie verticale : on en approche à la faveur des inégalités de ce terrain incliné.

Ces

Vue générale des petites Grottes antiques taillées dans la Roche ayant servi à usage de Ruches pour les Abeilles a a b b

Grottes taillées dans la Roche pour les Abeilles a.a. Plan de ces différentes Grottes fig. 2

Vue d'une portion de Rocher sur lequel était partie de l'antique Ville de Casuena

DE SICILE, DE LIPARI, ET DE MALTE.

Ces grottes ont toutes à leur entrée une large & profonde feuillure : voyez A A. L'entrée de la grotte est souvent un carré très-arrondi, ou un ovale. Le plan de l'intérieur est à-peu-près rond ; le plafond formé en coupole applatie. Il y a dans presque toutes ces grottes une petite banquette à gauche en entrant. Cette banquette a quatre ou cinq pouces de haut & autant de large : je n'ai pu en deviner l'usage. Rarement il y en a deux.

L'entrée de ces grottes se fermoit avec une porte de pierre ou de bois. J'ai observé que presque toutes avoient de chaque côté un trou dans lequel on plaçoit horizontalement un bâton qui les tenoit solidement fermées. Je ne doute pas que cette porte n'eût une ouverture pour le passage des abeilles : elles logeoient dans ces grottes comme dans nos ruches ; elles y déposoient leur miel. L'exposition du midi leur étoit très-favorable. Ces pays de rochers produisent beaucoup d'aromates, dont les fleurs offroient un nectar délicieux pour la nourriture de ces insectes ailés.

J'ai placé des hommes entrant & sortant de ces grottes, pour en faire voir les proportions. Cette estampe n'offre de ruches que celles qu'on voyoit du point de vue où je m'étois placé pour faire ce dessin ; mais il y en a bien d'autres à l'orient & de l'autre côté de ce vallon. On y voit un mélange de ces grottes destinées aux abeilles, avec d'autres où logeoient des hommes, vraisemblablement à des époques différentes.

Les habitans de cette ville d'Hybla, aujourd'hui Raguse, ont tous un air d'opulence qui n'est pas commun aux villes situées au sommet des montagnes. Je logeois chez D. Ferdinand Nicastre, homme aisé, qui, une fois par semaine, faisoit l'aumône à tous les pauvres de la ville : je n'en ai pas compté plus d'une vingtaine, encore étoient-ils tous ou vieillards infirmes, ou jeunes gens estropiés.

J'ai quitté Raguse, & je suis passé à Scicli, en suivant le cours de la rivière qui coule au bas de la montagne représentée dans cette estampe.

Par-tout dans cette vallée j'ai trouvé de côté & d'autre, & à toutes sortes d'élévations, dans les roches & dans les montagnes qui sont de chaque côté de la vallée qu'elles forment, des quantités plus & moins considérables de ces mêmes petites grottes à l'usage des abeilles : j'en ai trouvé sur-tout en grande quantité aux endroits où il est vraisemblable qu'il y a eu autrefois quelques hameaux ou villages.

Cette riante vallée est charmante par l'abondante végétation qu'y entretient la petite rivière qui serpente en tous sens dans sa vaste étendue.

Elle est comme un jardin un peu négligé, que la nature seule a pris soin d'enrichir. C'est le potager & le verger de Raguse & de Scicli.

Je ne m'attendois pas à trouver isolé, dans ce paradis terrestre, un petit moulin à foulon, où l'on donnoit la derniere main à des étoffes qui se font dans les villes voisines. Si les arts & le commerce étoient encouragés dans cette partie de la Sicile, ils y feroient facilement de grands progrès.

Arrivé à Scicli, je fus logé dans une des plus importantes maisons que les jésuites aient eues en Sicile : la bibliothéque en étoit considérable ; elle a été transportée à Catane, où j'ai vu arriver les caisses remplies de livres, qui ont été placés dans la bibliothéque du palais royal des études.

Note. En 1770, au mois de Mai, à Fucifazzo, dans le territoire de Raguse, une mule qui avoit été couverte par un cheval, mit bas un poulain après onze mois. Il avoit, dit-on, toute la partie antérieure du cheval, hors les oreilles : sa queue étoit celle d'un cheval ; tout le reste du corps étoit celui d'une mule. Il hennissoit & marchoit comme le cheval : sa mère avoit pour lui un attachement très-vif ; elle lui donnoit soigneusement à tetter, & elle n'en laissoit approcher personne. On promena la mule & son poulain dans toute la ville, comme un objet curieux. Malgré tous les soins qu'on en prit, il ne vécut que deux ans. On a cru long-temps que les mules étoient stériles : elles le sont dans nos climats ; mais en Italie, en Espagne, dans nos colonies, elles portent quelquefois. M. de Buffon en cite quelques exemples dans un de ses derniers volumes.

TOME IV.

Vue d'un rocher sur lequel étoit une partie de l'antique ville de Casmena.
Fig. 2.

Casmena a dû être en partie située sur les différentes portions planes du rocher que je présente dans cette seconde estampe : on voit encore quelques restes des maisons modernes qui furent bâties au pied de ce rocher, & qui sont maintenant détruites.

J'ai pour objet, dans cette seconde figure de l'estampe, de parler d'un grand escalier, seul beau reste de Casmena. Il suffit pour nous donner une idée avantageuse de cette ville, dont nous n'avons rien qui porte le caractère de perfection où l'architecture étoit parvenue dans ces temps-là. Quoique un escalier soit peu de chose, cependant, lorsqu'il est taillé dans la roche, lorsqu'il est d'une belle exécution, & motivé comme celui-ci, il ne laisse pas de produire une impression très-satisfaisante ; il prouve que la nation qui l'a pratiqué ainsi pour son usage, y avoit apporté les plus grands soins : il fait voir qu'elle étoit sensible aux avantages & sur-tout à la gloire qui résultent de tout monument bien exécuté.

Si on ne considère cet ouvrage que comme une habitude de bien faire, on en concluera toujours qu'un peuple qui a pratiqué cet usage jusque dans la moindre chose, mérite l'éloge de tous ceux qui connoissent & qui aiment le beau. Cela donne une haute idée de ce qu'ont dû être les objets destinés de ces temps à faire honneur à cette ville, en comparant ses chefs-d'œuvre avec ceux des plus belles villes de la Grèce.

Voyez la ligne qui traverse de droite à gauche & de haut en bas : elle marque le rampant de cet escalier, qui fut fait pour descendre dans le rocher, afin de n'être pas apperçu en allant chercher de l'eau à une source qui est en E, à l'endroit où finit la trace de cet escalier ; il a environ 120 pieds de rampant : les parois & les marches en sont très-bien faites, exactement taillées ; il a 3 pieds & demi de large. Les marches ont environ 7 pouces de haut sur 13 de large. Cet escalier a été plus long, mais on l'a raccourci en abaissant le rocher où il commence ; ce qui l'a diminué considérablement. Vers le haut, il est environ à 6 pieds loin de la face verticale du rocher, et au bas il en est à 12 pieds. Il fut construit comme celui dont j'ai parlé, qui se voit près de Spaccaforno, dans les siècles où l'on vivoit dans la plus grande méfiance de ses voisins, ou dans la crainte des incursions des pirates. Ce lieu près de la mer étoit très-exposé aux attaques des brigands qui infestoient ces rivages & les villes qui en étoient voisines.

CHAPITRE TRENTE-SIXIEME.

Suite des antiquités de Scicli. Grotte, ou magasin antique de Casmena. Restes de Caucana à Sante-Croce. Restes de Camarina, près des Scoglietti : de Callipoli à Terra-Nova. Licata, ou l'antique Gela. Palma. Agrigente. Carte d'Agrigente. Vue générale du lieu de cette ville au midi. Temple d'Esculape ; vue générale de la même ville à l'orient.

LA ville de Scicli est dans le genre de Modica ; elle est située dans un bas fond, où se réunissent cinq cavées creusées, comme celle de Modica. Une vallée est un intervalle entre des montagnes, une cavée est une excavation immense faite dans une roche par un ruisseau qui l'a creusée insensiblement dans un laps de temps considérable.

Un ruisseau d'une belle eau passe au travers de la ville de Scicli, & sert à tous les usages de la vie pour ses habitans, dont les logemens different beaucoup entre eux : il y a un cinquième des citoyens qui logent dans des grottes sur le penchant de ces rochers ; ces grottes sont de la plus haute antiquité. Tout le peuple de Scicli travaille ; quoiqu'il n'ait pas l'air opulent, il y a peu de pauvres qui mendient. Cette ville compte huit à neuf mille ames. Beaucoup de maisons sont adaptées à la roche ; cette roche contient d'antiques magasins. Au palais du Baron Sasonia il y a de très-grandes grottes bien faites, contiguës, & qui se communiquent par des baies rondes & pratiquées au sommet de la voûte, au travers desquelles on faisoit autrefois passer les grains que l'on conservoit dans ces magasins. J'en ai dessiné un pour les faire connoître.

PLANCHE CCXI.

Intérieur d'un magasin de l'antique Casmena.

Cette salle ronde présente à son entrée une anti-grotte, ou un anti-magasin, une anti-chambre qui conduit aussi à d'autres salles telles que celle-ci H, qui est la plus belle, à cause de sa voûte en coupole ; au plus haut il y a une ouverture circulaire qui communique à une salle supérieure de même genre.

Derrière les deux femmes qui se parlent dans cette estampe, on voit l'entrée d'une autre salle semblable à celle-ci ; dans le coin de l'estampe, où la roche est percée, on voit une entrée pareille qui conduit encore dans une salle semblable.

Ces vastes appartemens sont considérés comme des magasins de l'antique ville de Casmena.

VOYAGE PITTORESQUE

Je n'ai pu deviner à quoi servoit l'espèce d'alcove A qui se voit à gauche. J'ai représenté des hommes qui creusoient la terre pour chercher des tresors, tandis que je faisois ce dessin; car ces hommes croyoient que j'étois venu pour en chercher. Cette folle idée avoit attiré autour de moi quantité de gens des deux sexes qui comptoient partager avec moi l'or que je trouverois dans ce souterrain. Mes recherches inspirèrent cette pensée dans plusieurs endroits de la Sicile.

On m'a conduit à peu près au milieu de la montagne, un peu au dessus de la cathédrale, où on voit quelques restes d'antiques constructions, dans lesquelles on distingue plusieurs chambres de plein-pied, dont les planchers sont en mosaïque de très-bon goût & bien conservés, mais qui seront bientôt détruits; on y a pratiqué un chemin où les chevaux & les mulets passent tous les jours.

On me mena ensuite à deux milles vers le couchant, sur le sommet d'une montagne, où j'ai vu beaucoup de sarcophages creusés dans la surface du rocher, ce qui indique quelque antique habitation, bourg ou village; mais quel nom avoit-il? C'est ce qu'on ignore.

La merveille de Scicli la plus vantée, est le corps de Saint Guillaume qui est déposé tout entier dans la cathédrale; ce qui est rare, car ordinairement on n'a des Saints que quelques membres. Les Chanoines me contèrent que ce Saint vécut en hermite dans une grotte voisine; qu'à sa mort plusieurs villes se disputèrent son corps. Les Maires de ces différentes villes le firent mettre avec cérémonie sur un petit char attelé de deux bœufs sauvages, pour qu'ils n'eussent pas l'habitude d'aller dans une ville plutôt que dans une autre. Les Prêtres chantèrent des litanies : les bœufs restèrent tranquilles tant qu'on parla de différens Saints; mais au nom de Saint Guillaume, ils partirent comme la foudre, & apportèrent le corps tout d'un trait dans cette Cathédrale : ce qui fit connoître à tous, que c'étoit en ce lieu que Saint Guillaume vouloit être adoré, & ce qui concilia toutes les difficultés.

Scicli est bâti, comme je l'ai dit, sur les ruines de l'antique Casmena, ville fondée par les Siracusains vingt ans après celle d'Acra. On ne sait ni par qui, ni à quelle époque elle a été détruite; mais je ne doute pas que les Sarrasins, qui ont ravagé toute cette côte, n'y aient beaucoup contribué. En sortant de Scicli & en dirigeant sa route vers la mer, on arrive à Saint-Pierre, petit port où il y a quelques maisons de gardes-côtes & de pêcheurs : l'une d'elles est bâtie sur les débris d'un temple antique de construction grecque. Ce temple, isolé au bord de la mer, ne seroit-il pas celui dont parle Fazello & dont nous avons fait mention dans le chapitre précédent, sous le nom d'Apollon Libytien.

De Scicli je me rendis à *Santa-Croce*, Sainte-Croix. C'est en ce lieu qu'étoit autrefois l'antique Caucana. Je n'y ai rien trouvé qui soit digne de remarque, si ce n'est le reste d'un antique édifice élevé à quatre milles de la mer, près de Santa-Croce, sur la rive d'un petit fleuve.

PLANCHE CCXII.

Bain antique.

Cet édifice, de construction romaine, est assez bien conservé pour qu'on en reconnoisse le caractère. Dans la salle du milieu, on voit aux angles, à la naissance de la voûte, des trous qui percent verticalement cette voûte : ils servoient à faire évaporer la chaleur; par ce moyen on se la procuroit plus ou moins forte, au degré qu'on vouloit.

Il y avoit quatre petites chambres aux quatre côtés de celles-ci, dont la voûte AA étoit en coupole. Ces petites chambres formoient une croix BCDE, comme on le voit au plan. Celle du milieu A

Reste d'un Bain de l'antique Ville de Vaueine.

Reste d'un Temple de l'antique Ville de Camerine
près le petit Port appellé les Scoglietti

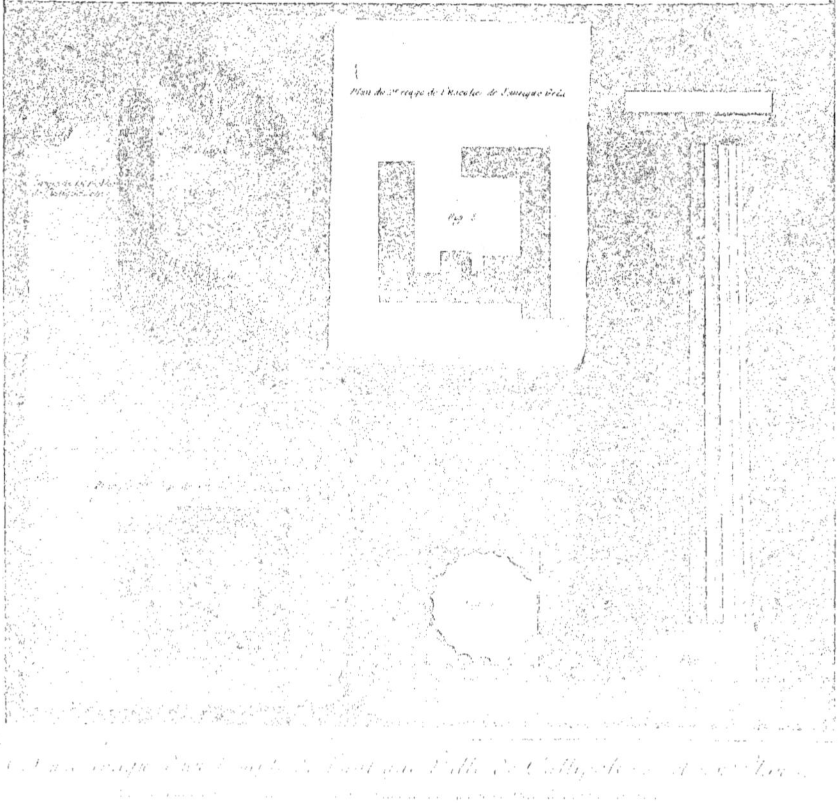

n'étoit éclairée que par la petite fenêtre G. La partie éloignée de cet édifice contient deux petites chambres H. Tout est bien bâti & en pierre de taille. La terre est labourée autour de cet édifice & n'offre aucun reste des bâtimens qui ont dû l'accompagner.

En suivant le cours du petit fleuve qui passe près de ce bain, j'ai vu un autre bain semblable à celui-ci par la grandeur & par la forme. Il sert aujourd'hui de demeure à des paysans ; il est situé à deux milles de la mer. Les réparations qu'on y a faites donnent à son extérieur des masses différentes & très-pittoresques. N'y remarquant rien de particulier, je ne l'ai pas gravé.

Près de l'embouchure de ce petit fleuve, on trouve une tour & quelques maisons qui sont habitées : c'est le port de Santa-Croce.

Près de là, sur une petite éminence, sont les restes détruits de l'ancienne Coucana. On a pris les pierres de ces vieux édifices pour bâtir la tour qui défend cette côte & les maisons de Santa-Croce. Je n'ai rien trouvé dans ces débris qui mérite d'être cité.

Je suis passé de là au lieu où fut jadis l'antique Camarina : on voit çà & là des traces de murs détruits, raccommodés & détruits encore, des monceaux de pierres recouverts par des herbages & à moitié ensevelis dans le sable & la poussière que les vents apportent & que la succession des siècles y accumule. Plus loin sont des collines toutes percées par des grottes sépulcrales ; d'autres tombeaux sont creusés dans le sol ; d'autres le sont dans de petites portions de roches verticales. De tous les anciens édifices, il ne reste rien qui soit reconnoissable que quelques portions des murs d'un temple, où j'ai compté quatre assises qui s'élèvent encore au dessus des gradins. La piété des gens qui habitent les campagnes voisines a conservé les restes de cet édifice : ils en ont fait une chétive chapelle qu'ils ont dédiée à la Vierge, & qu'on appelle la Madonne de Camarina. Voyez fig. 1 de la planche suivante.

PLANCHE CCXIII.

Vue des restes d'un temple antique de Camarina, fig. 1, & de la seule colonne qui subsiste d'un temple de l'antique Callipoli à Terra-Nova, fig. 2. Plan & Coupe d'un très-bel escalier de l'antique Gela à Licata.

En avant de la chapelle on voit les portions dégradées du soubassement & des gradins de ce temple A.

B. Ce sont les murs conservés : il en reste à peu près autant de tous côtés : voilà tout ce qui subsiste de cette ville, si florissante cinq cents vingt-huit ans avant notre ère vulgaire. Cluverio place sa fondation dans la quarante-cinquième olympiade.

Le Père Massa dit que la ville de Camarina s'accrut promptement en force & en population, & qu'elle se révolta contre les Syracusains qui l'avoient fondée : ses troupes furent défaites. Hippocrate, Tyran de Gela, s'en rendit maître dans une guerre qu'il eut avec les Syracusains; lorsque Gelon, successeur d'Hippocrate, devint Roi de Syracuse, les habitans de Camarina se révoltèrent encore, & ils furent réunis aux Syracusains comme citoyens de leur ville.

Mais enfin Camarina fut détruite une troisième fois par les Syracusains à la mort de Gelon; elle fut depuis rebâtie & occupée par les habitans de Gela; dans la première guerre Punique, elle prit le parti des Carthaginois, & fut assiégée par les Romains.

Camarina s'allia avec Phalaris, Tyran d'Agrigente; elle lui fournit de l'argent. Camarina a produit beaucoup de gens célèbres.

Il n'en reste plus que les débris du temple, & les pierres dont on a fait la tour des gardes-côtes près de ce petit port appelé les Scoglietti.

J'ai passé de là à Terra-Nova, lieu célèbre autrefois par la beauté de ses monumens, dont il ne subsiste plus rien, si ce n'est une colonne, encore est-elle tombée & partagée en cinq tronçons. Cette colonne faisoit partie d'un temple dont les gradins sont enfouis aujourd'hui dans les sables que le vent amène des bords de la mer & accumule sans cesse. L'origine & le nom même de cette ville antique sont très-incertains. Les auteurs anciens qui en ont parlé ne l'avoient point vue : les uns l'appellent Callipoli, les autres Heraclée ou Gela; mais Heraclée a ses ruines près de Catolica, au nord de Girgenti.

Voyez dans la fig. 1 la seule colonne qui nous reste de cette ville antique.

Je me suis rendu de là à Licata, ville moderne, lieu de l'antique ville de Gela, l'une des plus anciennes de la Sicile. Elle étoit bâtie sur une montagne isolée appelée le mont Ecnomo. Il ne reste plus aucune trace de cette ville, si ce n'est des grottes à tombeaux, & des grottes qui furent habitées : elles sont taillées dans la roche, & sont de toutes sortes de formes & de grandeurs; plusieurs sont encore habitées par des gens du peuple.

Autour de ces grottes, j'ai rencontré dans beaucoup d'endroits de ces carrés, un peu creusés, de toutes sortes de formes & de grandeurs, dont j'ai déja beaucoup parlé, & dont j'ai donné la description en décrivant le théâtre de Syracuse. Ici ces carrés ont été creusés sur la surface de la paroi extérieure de ces grottes, paroi formée par le rocher. Il y a de ces carrés à toutes sortes de hauteurs.

J'en ai vu à Macara, près de Vindicari, & en beaucoup d'autres endroits, sans que rien ait jamais pu m'en faire deviner l'origine ou l'usage.

J'ai remarqué sur la sommité de cette montagne que la roche y est taillée d'une manière régulière : ce sont des carrés longs taillés dans le sol ou plutôt dans la roche; mais leur usage est fort équivoque. Tout est si délabré, qu'on ne peut rien trouver sur quoi l'on puisse hasarder une conjecture. On appelle cet endroit le château de la grande Gela.

De l'autre côté, tout vis-à-vis, je remarquai dans une masse de roche élevée en dos d'âne, une échancrure qui alloit du levant au couchant. Au nord de cette échancrure il y avoit sept ou huit gradins. Je n'ai pu connoître à quoi ils avoient servi.

Ce qui m'a donné une haute idée des arts de cette ville, c'est un très-bel escalier taillé dans la roche, mais bien supérieur à ceux que j'avois vus à Spaccaforno & à Scicli, & dont j'ai déja parlé. Celui-ci est au pied de la montagne de la grande Gela, du côté qui regarde les murs de Licata; il est carré; il a quatre parties de marches; il est d'une belle exécution. Voyez fig. 3. J'en ai examiné les deux étages que je présente, & je n'ai pu aller jusqu'au fond, la grande quantité de pierres dont il étoit rempli m'en ayant bouché le passage.

Je ne doute pas que cet escalier n'ait été taillé pour aller puiser de l'eau à quelque source bien profonde. Je n'ai pu deviner à quel usage servoit l'espèce de galerie qui est à côté.

On me conduisit à l'endroit appelé *le piano dela citta*, c'est-à-dire, *à la place de la ville*, place éloignée de cinq milles de Licata, place où fut jadis une ville dont il ne reste plus que quelques assises de pierres, formant par intervalles une enceinte de murs qui s'élèvent à peine d'un pied hors de terre. On y voit des vestiges de portes; mais tout cela est presque anéanti.

Le Père Pezzolante, Historiographe de Gela & de Licata, dont parle d'Orville, dit que ces débris sont les restes d'une antique ville qu'Hérodote appelle Mattorio.

En revenant de les voir, nous passâmes le long des grandes roches appelées le Zotte de l'Aquila,

Plan du lieu qu'occupait l'antique Ville d'Agrigente
et de ses Environs.

le Saut de l'Aigle. J'y remarquai encore des grottes destinées aux abeilles. Le naturaliste y verroit des roches calcaires très-curieuses qui ne peuvent guère se décrire.

De Licata je me rendis à Palma. Je trouvai encore sur la route de ces petites grottes faites pour les abeilles ; elles sont très-communes dans cette province, qui doit produire beaucoup de miel. On y voit aussi beaucoup de veines du plus beau gypse dans les montagnes de ces cantons.

Je n'ai rien trouvé d'antique à Palma. La tradition ne dit pas même qu'il y ait eu autrefois des habitations antiques dans ce lieu.

En sortant de Palma, je vis une grande ferme où est un beau jardin rempli d'orangers, de citronniers, de cédrats; on me fit voir & manger d'une espèce d'orange particulière que je n'ai retrouvée nulle part : on l'appelle orange-sur-orange; quand on l'ouvre, on trouve dans son intérieur, au centre de la chair, une seconde orange revêtue d'une peau blanche & fine telle que celle d'une orange dont on a ôté la première écorce ; elle est d'un goût exquis ; la chair de ces deux fruits extérieur & intérieur se partage par côtes; les pepins ne se trouvent qu'au centre de la seconde.

Je continuai ma route & me rendis à Girgenti, qui fut jadis la célèbre ville d'Agrigente, une des plus importantes de toute la Sicile.

Je ne dois pas oublier de dire que j'ai vu entre Palma & Girgenti, à quatre milles de cette dernière cité, des mines de soufre ; on l'arrachoit des filons où il se trouvoit en grosses masses.

Ces contrées sont très-bien cultivées; elles présentent des aspects très-rians : on y voit beaucoup d'aloès & quelques palmiers ; j'y ai vu, le 15 décembre, des amandiers & des abricotiers en fleurs, la violette couvroit les champs, les rosiers étoient près de fleurir, toute la nature étoit active.

PLANCHE CCXIV.

Plan de la place qu'occupoit l'antique ville d'Agrigente & des environs de ce lieu.

La ville d'Agrigente proprement dite, sans y comprendre ses faubourgs, étoit contenue dans l'enceinte AA. Ses faubourgs, dans le temps de sa splendeur, s'étendoient de tous côtés à des distances qui ne sont pas connues, parce qu'il ne reste aucun vestige de leurs limites.

Cette enceinte de la ville proprement dite se divise en trois parties : la première, celle qui fut le plus anciennement habitée, s'appeloit la forteresse ou la citadelle : elle étoit sur une hauteur à l'endroit marqué B; des rochers escarpés l'environnoient, & des murs CC la défendoient vers le midi, où le terrein s'abaissoit; il n'y avoit qu'une seule entrée D, afin qu'on pût la défendre plus aisément.

Immédiatement au dessous de cette enceinte étoit Agrigentino in Camico EE, ou la seconde partie d'Agrigente. On lui donnoit ce nom, parce que Camicus, roi des Sicules, habitoit cette partie de la montagne avant Cocale. Phalaris, qui leur succéda, agrandit cette ville. La troisième partie FF terminoit la ville séparément de ses faubourgs.

L'Histoire, qui nous parle d'Agrigente comme de l'une des plus grandes villes qu'il y ait eu, ne nous dit presque rien sur son origine, sur son accroissement, sur sa splendeur, ni sur les révolutions qu'elle a éprouvées : elle fut assiégée plusieurs fois ; elle se rétablit aussi plusieurs fois ; enfin elle a subi le sort de presque toutes les villes antiques : ce sont les Carthaginois qui en furent les destructeurs. Il est à présumer que les historiens anciens & particulièrement Diodore n'avoient pas négligé de parler d'une si grande ville avec quelque détail. Ce qu'ils en ont dit est vraisemblablement compris dans les ouvrages que nous avons perdus & qui sont en si grand nombre.

Malgré ces pertes, le P. Pancrace, qui n'est pas un ancien, a fait sur cette ville deux volumes in-folio avec estampes : il nous dit, d'après Thucydide, qu'Antiphemo de Rhodes & Antimo de Crète conduisirent une colonie au midi de la Sicile; qu'ils fondèrent ensemble la ville de Gela, quarante ans après la fondation de Syracuse; & que cent huit ans après celle de Gela, ses habitans envoyèrent une colonie qui éleva une ville sur les bords du fleuve Agragas, d'où cette ville prit le nom d'Agrigente. *Aristinao* & *Fistolo* furent les conducteurs de cette colonie, les fondateurs de cette ville & ses législateurs, dans la quarante-neuvième olympiade.

Il paroit que le lieu où ils trouvèrent la citadelle appartenoit au Roi *Cocale*, & qu'ils s'en emparèrent par quelque ruse militaire. Ce lieu étant naturellement très-fort, il leur fut aisé de s'y maintenir, comme nous le ferons connoître en son lieu.

Le P. Pancrace raconte les fables de Dédale & de Minos que tout le monde connoît; mais il est infiniment inférieur aux poëtes qui en ont tiré un si grand parti, & auxquels il faut abandonner de pareilles histoires.

Il dit que Phalaris bâtit le temple de Jupiter Polieo. Il est en effet dans l'enceinte de la forteresse On en voit encore les foibles restes dans le lieu marqué G, sur lesquels on a bâti l'église de Sainte-Marie des Grecs : il ne reste de cet ancien temple que trois gradins qui en faisoient le soubassement, tel qu'on en verra aux temples que je donnerai ci-après; au dessus de ces gradins, il ne reste que quelques assises de pierres.

Ce temple n'étoit pas orné de colonnes comme celui de la Concorde & celui de Junon. On a employé les restes des murs de ce temple pour faire une partie de l'église qu'on y voit aujourd'hui. Ces débris ne m'ont rien offert qui soit intéressant; ainsi je ne les ai point gravés.

Dans le plan que je donne ici de l'ancienne ville d'Agrigente, H est une espèce de labyrinthe, souterrain creusé dans la roche au dessous du sol. Ce lieu n'offre aucun caractère qui indique l'idée qu'on a eue en le faisant.

I. Temple consacré à Jupiter à *Tabirio*, ou à Jupiter protecteur & à Minerve. Ce temple a été bâti sur la sommité la plus élevée de la montagne, sur une protubérance de la roche qui domine tout ce qui l'environne. Il ne subsiste plus de ce temple que quelques assises de pierres. Il a fait donner à cette montagne le nom de mont de Minerve.

K. Temple de Cérès, qui sera décrit ci-après.

L. Porte de la ville d'Agrigente. On voit encore de côtés & d'autres des portions des fondemens & des murs adjacens à cette porte : ils sont en pierres de taille & d'une très-belle exécution.

M. C'est encore une autre porte dont il ne subsiste plus que de foibles restes.

N. C'est le temple de Junon-Lucine, dont il sera parlé plus en détail dans le chapitre suivant. On voit encore quelques restes des murs du parapet qui régnoit depuis ce temple, le long du précipice, jusqu'à la porte prochaine.

O. Caveau sépulcral. P. Vue des murs de l'antique Agrigente. Q. Temple de la Concorde, dont nous parlerons plus bas. R. Grotte sépulcrale. S. Temple d'Hercule. Auprès de ce temple, il y a un chemin creusé dans la roche. Là, il y avoit une porte de ville, appelée porta Orea, qui conduisoit au tombeau de Theron. T. C'est le tombeau de Theron. V. C'est le temple d'Esculape. U. C'est le temple de Jupiter Olympien. X. Temple de Vulcain. Y. Temple de Castor & de Pollux. Z. Mur unique & porte d'Agrigente. &. Bain antique. + Fosse.)(Cloaque. * Petit temple, aujourd'hui circonscrit dans le couvent de Saint-Nicolas.

1. Près de là, sur la route d'Agrigente, à main gauche, dans le fond d'une ravine où l'on apperçoit des ruines, on a trouvé des ustensiles de fondeur. Le chemin à cet endroit passe sur des chambres qui ont à leur plancher des mosaïques.

2. C'est le sommet de la montagne appelée la Meta, où l'on croit qu'il y a eu un temple.

Vue à l'Orient, et au Midi
de l'Emplacement qu'occupait l'antique Ville d'Agrigente.

Vue des restes du Temple d'Esculape
et du lieu qu'occupait l'antique Ville d'Agrigente

DE SICILE, DE LIPARI, ET DE MALTE.

3. C'est le pont qui communiquoit d'Agrigente à Agrigentino in Camico.
4. Restes ou ruines qui contiennent des bases de colonnes; le pont qui est au fond du vallon semble indiquer qu'il y avoit vis-à-vis une des portes d'Agrigente.
5. Tombeaux creusés dans la roche. Ces tombeaux sont rangés dans le meilleur ordre; ils ont une feuillure qui indique qu'on les couvroit & qu'on les fermoit avec une pierre.
6. Fontaine. 7. Pied de la montagne qu'on appelle Monte Tauro, où les Carthaginois firent camper leurs troupes, & où les Romains campèrent aussi dans la suite. 8. C'est l'endroit où étoit la Neapolis Agrigentine dont *Plutarque* parle à l'occasion de Dion.
9. C'est le lieu d'un lac soi-disant huileux, & de la piscine dont parle Diodore; elle fut construite par les Agrigentins. 10. Fleuve de Saint-Blaise. 11. Fleuve Agragas. 12. Route d'Agrigente au port actuel. 13. Port où séjournent les vaisseaux. 14. Tour garnie de canons, où il y a une garnison pour la défense de ce port. 15. Tour située sur une montagne où tous les soirs on allume un fanal qui indique aux vaisseaux, pendant la nuit, la situation du port de Girgenti. 16. Pleine mer, appelée Libico, mer de Libye. 17. C'est le lieu où fut le port antique d'Agrigente. On croit y voir encore quelques restes des constructions de l'ancien port. 18. Lieu où les Romains ont campé. 19. Confluent du fleuve Saint-Blaise & du fleuve Agragas. 20. Boussole. 21. Mont Serrato.

PLANCHE CCXV.

Vue du Temple d'Esculape, & du lieu où fut l'antique Agrigente.

Le temple d'Esculape A étoit de moyenne grandeur; il avoit de long 61 pieds sur 27 pieds 9 pouces de large.

Aucune colonne isolée ne le décoroit à l'extérieur, si ce n'est à son entrée, qui étoit du côté de l'orient; les côtés étoient formés de murs lisses; le peu d'élévation de ce qui reste ne permet pas de voir s'il y avoit des fenêtres; la façade occidentale étoit fermée & décorée, comme l'entrée, par deux colonnes. Elles étoient à moitié engagées dans le mur; les autres ne l'étoient pas. Voyez le plan: on y voit dans l'intérieur des petits escaliers semblables à ceux que nous verrons dans le temple de la Concorde. Une maison de métayer, que l'on a construite sur les débris de ce temple, n'en laisse pas appercevoir davantage. J'ai supprimé un mur qui forme du côté du midi une cour à cette maison moderne, afin de laisser voir ce reste d'édifice de ce point de vue.

Au-delà de ce temple, on découvre des murs & des restes de plusieurs édifices qui appartinrent à l'antique Agrigente. Le temple de Junon-Lucine B s'élève sur la cime la plus avancée de la roche à droite. Vers le milieu du tableau, est le temple de la Concorde C. Une portion de la roche D, étoit horizontale; elle est taillée, & elle fait voir une grande quantité de tombeaux. E. Est le tombeau de Theron; derrière est la porte Orea, le temple de Jupiter-Olympien qui est ici caché derrière la roche; ensuite le temple de Pluton & celui de Castor & de Pollux plus à gauche, mais cachés par l'élévation du terrain & des arbres. Voyez le plan général. L'élévation particulière F de la montagne du lointain, est le lieu du temple de Jupiter-Atabyrio & de Minerve.

PLANCHE CCXVI.

Vue à l'orient A & au midi B de la place qu'occupoit l'antique Agrigente.

Cet aspect présente pour premier objet les ruines du temple de Junon-Lucine D, situées à l'angle du rocher élevé sur lequel étoit cette ville. On voit ensuite le temple de la Concorde C.

Les autres temples que j'ai représentés dans la planche précédente, sur une même ligne d'orient en occident, & qui se suivent assez régulièrement, ne peuvent s'appercevoir de ce point de vue; l'extrême raccourci de la perspective s'y oppose, aussi-bien que l'abaissement du terrain & leur peu d'élévation, qui est ici masquée par des arbres.

On voit encore ici le tombeau de Theron E. A gauche est le temple d'Esculape; mais la hauteur du terrain empêche qu'on ne le voie. A droite est la place I d'une des portes orientales d'Agrigente. K. Autre porte dont j'ai parlé dans le plan: elles menoient toutes deux à un même chemin L, représenté à la gauche de cette estampe. Le chemin traverse en M le fleuve qu'on appelle aujourd'hui de Saint-Blaise. Ce fleuve s'appelle ainsi, à cause d'une chapelle dédiée à ce Saint, & élevée sur les ruines du temple de Cérès F. Cette chapelle étant l'objet le plus digne de remarque qu'il y ait sur les rives de ce fleuve G, elle lui a donné son nom.

Sur l'éminence H, étoit le temple de Jupiter-Atabyrio & de Minerve, temple élevé qu'on voyoit de très-loin & qui commandoit toute la ville.

Au-delà de la ligne qui marque le sommet de la montagne, on apperçoit la ville de Girgenti N, où étoit la forteresse de Cocale; au dessous étoit le temple de Jupiter-Polieo. En voyant cette montagne, on conçoit que la ville qui l'occupoit étoit isolée, que l'abord en étoit presque inaccessible.

De ce point de vue, on apperçoit en raccourci tout le lieu où fut la ville d'Agrigente, & le faubourg Neapolis G, où l'on ne trouve plus sur la montagne que des tombeaux de différentes espèces tous creusés dans la roche, & quelques pierres, restes des édifices qu'il y eut autrefois.

O. Est le fameux monte Tauro. P. Ce sont des faubourgs au couchant d'Agrigente. Q. Sont d'autres faubourgs au levant de cette ville.

Quelques auteurs ont dit que les Agrigentins, en plaçant le temple de Jupiter & de Minerve dans le lieu le plus éminent de leur ville, avoient eu dessein de la mettre toute entière sous les yeux de ces divinités, afin d'en confier à elles seules le gouvernement & la défense; mais les Agrigentins n'étoient pas si simples, ils avoient des troupes & des magistrats.

Si les magistrats honoroient ces divinités par des sacrifices dans ce temple, chaque citoyen riche leur en faisoit en particulier dans sa propre maison.

Lorsque Jupiter étoit désigné par le nom de Polieo, qui signifie protecteur, on le regardoit comme le gardien de la maison & de la famille; de là vient que chez les Grecs, les Siciliens & les Romains même, où la mythologie n'avoit point de dogmes fixes, d'idées bien précises, on le confondoit sous cette dénomination avec les dieux lares ou les dieux pénates.

On plaçoit également ce Jupiter ou ces dieux dans une niche: devant cette niche, on posoit une table ou un autel; dans les jours de fête on mettoit sur cette table ou sur cet autel des charbons allumés, & l'on y jetoit quelques grains d'encens; souvent cet autel étoit au dehors de la maison, en plein air, entouré d'une balustrade. On couronnoit ces dieux de feuilles fraîches; on leur attachoit des tablettes de cire, sur lesquelles on inscrivoit les vœux qu'on leur adressoit; quelquefois on se contentoit d'enduire quelque endroit de leur corps de cire, pour y écrire ce qu'on leur demandoit; souvent on suspendoit devant eux une lampe allumée; dans les fêtes de famille, on leur faisoit des sacrifices, alors on décoroit la maison même à l'extérieur avec des branches d'arbres.

Dans les fêtes publiques, on dressoit des tables en leur honneur dans les rues & dans les carrefours, ce qui les avoit fait appeler *compitalia*, fêtes de carrefours.

Ces dieux avoient des jours qui leur étoient consacrés: le 27 juin l'étoit aux dieux lares; le 31 janvier, aux dieux pénates; le premier de mai, on leur dressoit des autels dans Rome.

Murs restant du Temple de Cérès

CHAPITRE TRENTE-SEPTIEME.

Suite des antiquités d'Agrigente. Temple de Cérès & ses environs. Temple de Junon. Cave sépulcrale. Vue d'une portion des murs antiques d'Agrigente, depuis le temple de Junon jusqu'à celui de la Concorde. Vue & coupe du temple de la Concorde.

PLANCHE CCXVII.

Restes des murs du temple de Cérès. Vue de ses environs.

Le plan & les vues que j'ai donnés dans le chapitre précédent, font connoître que la ville d'Agrigente étoit située sur une montagne dont le côté du sud étoit incliné, & dont celui du nord étoit escarpé. Le temple de Cérès s'élevoit à l'orient. J'ai représenté ses environs dans cette estampe : la mer qu'on voit à gauche est ici marquée 16, ainsi qu'au plan. Ce qu'on en voit s'étend encore plus au couchant que ce que j'en ai représenté dans le plan.

Je désignerai ici, autant qu'il sera possible, les objets par les mêmes chiffres & les mêmes lettres que je les ai désignés dans le plan, & je les ferai connoître autant qu'on peut les discerner de cet aspect.

Le numéro 21 est le mont Tauro. 7 est une partie d'Agrigente *in Camicus*. N est la ville de Girgenti, ville moderne, construite des débris d'Agrigente & des ruines de la forteresse de Cocale & de Camicus son successeur. Z, c'est le couvent de Saint-Nicolas, dans les environs duquel sont divers objets curieux dont je rendrai compte. 2, c'est un lieu élevé qu'on appelle la Meta. 4, chapelle de Saint-Léonard. M, chemin qui conduit à la porte orientale d'Agrigente. Ce chemin se partage en deux branches, dont l'une conduit à une autre porte de cette ville au dessous du temple de Cérès.

Tout ce qu'on apperçoit de ce point de vue est cultivé de toutes parts. Dans les beaux jours de la splendeur d'Agrigente on y auroit apperçu avec peine quelques arbres : aujourd'hui l'œil y cherche en vain une maison.

Le temple de Cérès passe pour avoir été un des plus anciens d'Agrigente. Ce fut au milieu des fêtes célébrées en l'honneur de cette déesse, que Phalaris usurpa la souveraineté de cette ville.

Ce temple n'offre plus aujourd'hui aux yeux des voyageurs que ses murs extérieurs. Il ne paroît pas qu'il ait eu de colonnes : il semble que quatre murs aient formé son enceinte, et que l'on y entroit par l'occident. Cet édifice a été réparé par les modernes, qui des restes de ses murs ont fait une chapelle à Saint-Blaise. Elle ne fournit rien d'intéressant : on ne voit de chaque côté que quelques assises de pierres antiques dont la longueur est indéterminée. Le sol offre encore une portion du pavé du temple, mais on n'en peut connoître l'étendue, BB.

C, restes des murs qui soutenoient les terres & qui portoient le mur du parapet ; car de ce côté très-escarpé de la montagne, on avoit fait un chemin qui tournoit autour de ce temple. On parvenoit à ce temple par l'endroit opposé à celui qu'on voit dans cette estampe ; un large chemin pratiqué dans la roche & modérément incliné , conduisoit à son portique; il étoit assez large pour que plusieurs chars pussent y passer de front. Les ornières creusées dans la roche par ces voitures se font encore remarquer très-distinctement.

Le temple de Cérès, déesse des moissons, devoit toujours être bâti hors des villes, et situé dans un lieu tellement écarté, qu'on n'y fût jamais attiré par aucune autre affaire que par le desir d'y sacrifier. Celui-ci étoit bâti dans l'angle le plus écarté & le plus élevé du rocher sur lequel étoit Agrigente, de sorte qu'on ne devoit y aller que quand le culte de la déesse y appeloit ; car on auroit regardé comme une profanation de passer près de ce temple pour toute autre raison. Ce même temple fut aussi dédié à Proserpine, à laquelle les Agrigentins avoient une grande dévotion. On y célébroit en son honneur des fêtes qui duroient trois jours, qu'on supposoit commencer après l'époque de son enlèvement , ce qui faisoit allusion aux trois mois qui s'écoulent entre la moisson enlevée & le temps où le blé commence à germer & à sortir entre les sillons.

On célébroit tous les ans deux fêtes, dont l'une s'appeloit *Anacalypteria*, Apparition, en mémoire du jour où Cérès avoit revu sa fille ; l'autre s'appeloit *Théogonie*, en mémoire du jour où Proserpine, retrouvée par sa mère, avoit reparu sur l'olympe, ou en mémoire de ses noces avec Pluton.

Fêtes de Cérès.

Les habitans de la Sicile , persuadés que Cérès & sa fille avoient habité leur île , instituèrent des fêtes en leur honneur, & les célébrèrent en différens temps de l'année, tels que les labours , les semailles, les moissons.

L'enlèvement de Proserpine se célébroit dans le temps des récoltes ; les recherches de Cérès, dans celui des semailles. Cette fête duroit dix jours entiers ; l'appareil en étoit éclatant & magnifique. Dans les autres fêtes, le peuple assemblé se contentoit de faire des sacrifices assez simples.

Il est très-naturel que , dans le tumulte de la fête, dans un climat si chaud , l'usage se soit introduit de chanter des chansons peu décentes, et de se permettre des gestes moins décens encore ; mais il est étrange qu'on ait voulu justifier ces sottises, en disant qu'on ne les souffroit qu'afin d'égayer la déesse, et de la distraire du chagrin que lui causoit la perte de sa fille.

Les Siciliens, qui prétendoient que Cérès leur avoit fait présent du blé & leur en avoit enseigné la culture , assuroient avec le même discernement qu'elle leur avoit donné les loix qu'ils suivoient.

Si de ce temple nous descendons au pied de la montagne, dans l'endroit représenté à la gauche de cette estampe , où étoient les portes orientales d'Agrigente, nous n'y remarquerons plus que quelques restes de murs dont on voit quelques assises de pierres à des hauteurs inégales, dont les directions ne caractérisent rien. Depuis la destruction de ces édifices , les eaux ont dégradé les terres & fait écrouler les murs. On ne voit plus même les fondemens de la muraille & du parapet qui devoient régner le long du précipice entre ces portes, & depuis ces portes jusqu'au temple de Junon. Voyez le plan. Près de ce temple, on en voit encore quelques restes à différentes places.

Temple de Junon.

Ce temple élevé sur l'angle du rocher, jouissoit de la plus belle situation & de la plus belle vue au levant & au midi. On tournoit tout autour par des rues & des chemins qu'on avoit ménagés à différentes hauteurs. Depuis plusieurs siècles , le temps a dévoré la roche qui portoit les murs du parapet; le vent du midi, qui vient du côté de la mer, apporte avec lui un acide qui ronge &

*Vue du Temple de Junon Lucine
tel qu'il était en 1776*

qui confume plus promptement la roche & les édifices de ce côté-là que de tout autre. Cette roche s'eft fendue verticalement. De grandes portions font tombées. On ne peut plus actuellement faire le tour de ce temple en dehors.

Je crois que la deftruction de la roche eft plus rapide que celle du temple, & que quelque jour il s'écroulera avec elle, fi on n'accélère pas fa deftruction en enlevant fes débris.

PLANCHE CCXVIII.

Vue du temple de Junon tel qu'il étoit en 1778.

Cette vue a été prife du côté du nord de ce temple, en regardant un peu vers le couchant.

Le caractère de fon architecture eft celui de l'ordre dorique grec des premiers temps; les colonnes ont quatre pieds deux pouces de diamètre, vingt pieds deux pouces de hauteur, y compris le chapiteau, & vingt cannelures. Ce temple étoit du genre de ceux qu'on appeloit périptères, parce qu'il y avoit des colonnes qui régnoient tout autour. J'en ai compté treize de chaque côté, & fix à chaque face, y compris celles des angles.

On a fondé ce temple dans un lieu très-éminent, & on l'a élevé en outre fur huit affifes de pierres, ce qui l'a exhauffé de douze pieds huit pouces au deffus du fol; les gradins par lefquels on y monte ont chacun dix-neuf pouces de haut. Il y avoit à l'entrée A de ce temple un palier fur lequel fe faifoient vraifemblablement les facrifices, quand ils devoient être vus du peuple.

On connoîtra les détails de l'intérieur de ce temple, ceux de fon fanctuaire & des efcaliers qui conduifoient au deffus de ce fanctuaire, en lifant ce que je dirai du temple de la Concorde, les détails de l'un reffemblant à ceux de l'autre. Il n'y avoit de différence entre ces deux temples, que celle des fouterrains de celui-ci, fouterrains que j'ai obfervés fous le périftyle de la façade latérale & occidentale repréfentée dans cette eftampe. Je n'ai pu connoître leur étendue, parce qu'ils font entièrement remplis de pierres; mais je crois bien qu'ils tournoient autour du temple, & qu'ils communiquoient à un autre, fitué fous le fanctuaire ou fous la Cella de ce temple, & dont j'ignore l'ufage.

Il y avoit un petit ornement aux gradins. Voyez BB. C'étoit pour le premier un refend en deux temps; il ceffoit à deux pouces du joint de la pierre, fous chaque colonne et au milieu de chaque entrecolonnement. Voyez la figure L fur le devant de cette eftampe. Il y avoit une cymaife au devant des autres gradins, mais elle n'étoit pas interrompue.

La pierre C de l'architrave paroît près de tomber. C'eft un phénomène curieux : elle eft dans cette pofition depuis plus de cinquante ans; les vents & les tremblemens de terre qui ont renverfé les quatre colonnes EFGH n'ont pu abattre cette pierre, & cependant la colonne D eft toute rongée au pied. J'ai vu un deffin de ce temple fait, il y a quarante ans, par un peintre de Girgenti : on y voyoit cette pierre déjà déplacée, & les colonnes EFGH étoient encore debout.

Les différens tambours des colonnes de ce temple font liés enfemble avec trois morceaux de bois de cèdre ou d'un bois à-peu-près femblable. On avoit fait pour cet ufage dans le milieu de chaque tambour un trou carré de trois à quatre pouces en tous fens, dans lequel on avoit ajufté avec précifion un morceau de bois cubique; au milieu de ces cubes on avoit percé un trou cylindrique d'environ un pouce & demi de diamètre; un morceau de bois auffi cylindrique s'adaptoit par fes extrémités dans les cubes des deux tambours, & les attachoit l'un à l'autre très-fortement, ce qui rendoit leur union plus folide. II, eft une cavité auffi profonde que large, faite de chaque côté de la pierre pour mettre une corde qui fervoit à monter ces pierres à leur place.

Statue de Junon.

Junon étoit ordinairement repréfentée affife, tenant d'une main un fceptre, et de l'autre un fufeau. Une couronne radiale ornoit fa tête. Iris lui fervoit de meffagère. On regardoit Junon comme la reine de l'air, dont Iris annonçoit la férénité.

Cette déeffe, ainfi que toutes les autres, étoit différemment repréfentée, & on lui donnoit différens attributs, felon les lieux & felon les circonftances dans lefquels on l'invoquoit.

Sa ftatue coloffale étoit dans le temple d'Argos affife fur un trône : cette ftatue étoit d'or & d'ivoire ; elle avoit fur fa tête une couronne, & fur cette couronne on avoit placé les Graces et les Heures ; elle tenoit une grenade dans une main & un fceptre dans l'autre. Un coucou étoit perché fur le bout de ce fceptre. On la regardoit comme la déeffe des richeffes en tout genre : elle préfidoit à la parure des femmes ; c'eft pourquoi on la repréfentoit toujours bien coiffée, fa chevelure élégamment ajuftée, & fon vêtement magnifique.

Dans le temple qu'elle avoit à Agrigente, on voyoit un tableau de Junon peint par Zeuxis : on dit qu'il avoit choifi pour le faire les vingt plus belles perfonnes de cette ville ; qu'après les avoir examinées, il en avoit pris cinq, d'après lefquelles il avoit fait le portrait de fa déeffe, en imitant les plus beaux traits de chacune. Lorfqu'Agrigente fut près de tomber fous le joug des Carthaginois, Gellias, tranfporté d'un défefpoir de patriote & d'amateur, mit le feu au temple, & faififfant ce tableau, il fe précipita avec lui au milieu des flammes.

Junon, regardée comme la déeffe de l'atmofphère, étoit invoquée dans toutes les maladies contagieufes. On croyoit auffi qu'elle préfidoit aux accouchemens fous le nom de Lucine : on la repréfentoit alors fous la figure d'une femme tenant une coupe dans la main droite, une lance dans la gauche ; quelquefois on la repréfentoit affife, un enfant emmailloté, ou plutôt enveloppé, fur fes genoux, une fleur dans fa main, & cette fleur reffembloit à un lis ; quelquefois, au lieu de cette fleur, on lui donnoit un fceptre & un fouet ; car les femmes enceintes & celles qui defiroient de le devenir, s'expofoient pieufement à recevoir, dans les fêtes Lupercales, des coups de fouet que diftribuoient libéralement à toutes les dévotes des hommes nus qui couroient les rues comme des infenfés. Ces dévotes croyoient que ces coups les feroient accoucher avec moins de douleurs, ou qu'ils les aideroient à devenir fécondes inceffamment.

Lorfqu'elle préfidoit aux mariages, on lui donnoit le nom de *Pronuba* ; les jeunes époux lui offroient une victime dont ils arrachoient le fiel, qu'ils jetoient derrière l'autel.

Les Grecs, doués d'une imagination très-abondante, lui avoient donné une multitude de noms, auffi variés que la fantaifie des prêtres & des artiftes, qui avoient décoré fes ftatues ou fes tableaux d'attributs divers ; mais le plus beau, le plus heureux, le plus defirable, étoit celui de *Parthenos*, de Vierge ; car, quoique mariée à Jupiter, & mère de plufieurs dieux, elle reprenoit fa virginité tous les mois, en fe baignant dans la fontaine de Canathos près de Nauplie, ce qui prouve qu'elle la perdoit auffi tous les mois. La belle idée que les païens avoient de la divinité !

Quoiqu'elle eût des temples en Grèce, en Italie, en Egypte, en Afie, par-tout où les Grecs avoient pénétré, trois villes, Argos, Samos & Carthage, l'honoroient particulièrement. Le paon eft l'oifeau qui lui étoit particulièrement confacré.

Le premier jour de chaque mois, on lui immoloit une truie ; c'étoit ordinairement la femme du fouverain pontife de cette déeffe qui lui offroit cet animal en facrifice.

Tout le monde connoît l'hiftoire de Cléobis & de Biton, fils d'une prêtreffe de cette déeffe, qui, un jour qu'elle devoit fe rendre au temple en cérémonie, fur un char traîné par des bœufs, s'attelèrent eux-mêmes à ce char, parce que les bœufs n'arrivoient point, & la traînèrent ainfi l'efpace de quarante-cinq ftades, ce qui fait près de fix lieues. Tous les fpectateurs la félicitèrent d'avoir des enfans fi pieux. Touchée de

Vue d'une portion des Murs d'Agrigente
et du Temple de Junon Lucine.

Plan et Coupe de la Cave Sepulchrale

leur zèle, elle pria la déesse de leur accorder ce que les hommes desirent le plus. Ces jeunes gens fatigués s'endormirent après leur repas, et ne se réveillèrent plus. Cet effet d'un épuisement total, s'il est vrai, & peut-être d'un excès de nourriture funeste dans un tel moment, parut un miracle, & fut regardé comme une grande faveur de la déesse. Ce fait arriva dans le temple d'Argos. On éleva à ces jeunes gens une statue, qu'on envoya à Delphes. Pausanias dit avoir vu ce trait représenté en marbre.

Je passai du temple de Junon à celui de la Concorde; je m'arrêtai en route pour examiner une cave sépulcrale pratiquée dans la roche, & marquée O dans le plan général d'Agrigente. On enterroit les morts, ou quelques morts dans cette ville, mais on prenoit soin qu'ils ne répandissent pas des vapeurs mortifères, comme on le verra en observant avec moi les différentes espèces de tombeaux renfermés dans cette cave, & même dans toute cette ville.

PLANCHE CCXIX.

Intérieur d'une cave sépulcrale fig. 1, *avec son plan en relief* fig. 2, *et la coupe géométrale* fig. 3.

On n'enterroit ainsi dans des sépultures particulières que les personnes distinguées par leur rang & leur fortune. On ignore à quelle famille celle-ci étoit destinée. On descendoit par deux endroits A & B dans ce souterrain. Voyez le plan & la coupe. Il paroît que les prêtres & les personnes nécessaires aux obsèques y descendoient par l'entrée, dont la forme étoit de figure conique, & qu'on y descendoit les corps par la baie B, fig. 3. Il falloit passer par dessus les tombeaux pour arriver en C, où étoit le milieu de la salle. De là on communiquoit à tous les tombeaux DEFG, & à la petite chambre H.

Il paroît, par les feuillures que j'ai remarquées aux tombeaux, qu'on y enfermoit les corps tout entiers, & non pas leurs cendres seulement; car je n'ai vu nulle part aucune niche cinéraire : d'où j'ai conclu, sur ces sortes d'apparences, qu'on y déposoit les corps. Rien ne m'apprit si on les embaumoit, ou si on les brûloit dans ce pays à cette époque, ou si on les consumoit par quelque dissolvant qui précipitât leur destruction.

J'ai plusieurs autres preuves que l'on inhumoit les morts dans l'enceinte d'Agrigente.

PLANCHE CCXX.

Vue d'une portion des murs d'Agrigente et du temple de Junon-Lucine au couchant et au nord.

La partie du mur d'Agrigente, que j'ai représentée à la droite de cette estampe, n'est qu'une portion de roche qu'on a conservée. On a creusé à côté une vaste profondeur, & vraisemblablement ce fut d'abord pour en tirer de la pierre à bâtir. On a pratiqué ensuite dans cette roche verticale A des tombeaux BB du genre de ceux que j'ai dit être en bouche de four, à cause de leur forme cintrée en demi-cercle. On creusoit dans cette profondeur un sarcophage au dessous de la ligne horizontale C; & comme on peut le voir dans les différentes portions de cette roche, on y a creusé bien des tombeaux. On en trouve de toutes sortes de grandeurs & à toutes sortes d'élévations.

J'ai déja observé que le temps détruit cette roche dans toute sa longueur; elle n'avoit dans l'espace qui contient ces tombeaux, que trente à quarante pieds d'épaisseur D; aujourd'hui elle est percée ou détruite dans bien des endroits.

Il est évident qu'elle avoit assez d'épaisseur pour qu'on ait pu pratiquer une rue dans sa partie supérieure E. Cette rue conduisoit du temple de Junon à celui de la Concorde, jusqu'au temple de Vulcain, & peut-être dans le principe jusqu'à celui de Castor & Pollux. On voit encore des restes d'un mur de parapet, & des restes d'ornières bien caractérisées dans plusieurs endroits de cette rue, où passoient toutes sortes de voitures. Cette rue devoit être très-fréquentée ; de là on peut voir l'aspect de la mer, qui est à un mille de distance, & on avoit sous les yeux tout le faubourg d'Esculape & ses environs, qui devoient faire un très-beau coup-d'œil.

Le fond de ce tableau présente le temple de Junon vu du côté de l'occident. On peut juger de son élévation & du bel effet qu'il devoit faire dans son état entier, lorsqu'on le voyoit ainsi paroître de loin.

La cave sépulcrale que j'ai décrite ci-dessus, est placée à-peu-près au point marqué F. Du reste, le tableau est fidèlement copié d'après nature ; c'est le vrai portrait du lieu que j'y représente. Ce n'est plus aujourd'hui qu'un pâturage de 90 toises de long sur 8 de large ; on en pourroit faire un très-beau jardin, ce temple ruiné lui serviroit de point de vue à l'orient.

Passons plus loin : toujours en allant vers le couchant, à 390 toises du temple de Junon, nous trouverons le temple de la Concorde, le temple le mieux conservé de tous ceux que l'on avoit élevés en Sicile.

PLANCHE CCXXI.

Vue générale du temple de la Concorde.

De quelque côté que l'on regarde ce temple, il offre à-peu-près le même aspect : sa forme est un carré-long, comme on peut le voir dans l'estampe suivante ; ainsi il ne diffère que du grand au petit côté.

Ce temple est assez bien conservé sur-tout à l'extérieur : il ne manque de chaque côté, à son entablement, que les pierres de la frise & de la corniche, qui ont été enlevées.

Son ordre d'architecture est le dorique grec des premiers temps. La proportion des colonnes est d'environ quatre diamètres & demi pour la hauteur, jusqu'au dessous du chapiteau : le diamètre est de quatre pieds deux pouces au bas de la colonne ; & elle a dix-huit pieds huit pouces de hauteur, sans y comprendre le chapiteau, qui avoit vingt pouces sur cinq pieds quatre pouces de largeur.

Les triglyphes ne sont pas sur le milieu des colonnes qui sont aux angles : ils se joignent ensemble à l'angle de la frise, & sont distribués également sur chaque face de l'édifice, ne rencontrant le milieu des colonnes que vers les milieux de ces faces.

Je crois que la principale entrée de cet édifice regardoit l'orient. J'en juge par la disposition du temple de Junon, quoique celui-ci diffère de l'autre, en ce que les deux entrées de l'une & de l'autre extrémité sont telles, qu'elles pourroient avoir servi pour arriver à l'intérieur de ce temple. Voyez le plan.

Les colonnes du temple de la Concorde avoient, depuis le dessus du gradin supérieur jusqu'au dessus du chapiteau, vingt pieds quatre pouces ; la totalité de l'entablement avoit environ sept pieds de hauteur ; il y avoit quatre gradins de dix-huit pouces, ce qui donnoit en tout à cet édifice une hauteur de trente-trois pieds quatre pouces.

L'exécution de cet édifice est d'une étonnante perfection pour l'appareil des pierres. Je n'ai jamais rien vu de plus parfait que la taille de ces pierres ; elle est d'une précision qui est incroyable ; c'est le dernier degré de l'exactitude ; il est impossible d'aller plus loin. Il y a des endroits à certaines colonnes dont les pierres sont si parfaitement jointes, qu'en y regardant avec toute l'attention dont je suis capable, & avec les connoissances qu'on ne peut manquer d'avoir quand on a été aussi exercé que je le suis, je n'ai pu cependant y discerner aucune jonction. Je ne sais par quel art les ouvriers parvenoient à cette

Vue générale du Temple de la Concorde.

Coupe longitudinale du Temple de la Concorde

précision. Il n'y avoit entre ces pierres ni mortier ni plomb; il n'y a que des morceaux de bois placés au centre des tambours de colonnes pour les contenir, comme je l'ai dit en parlant du temple de Junon.

Je présume qu'on usoit ces pierres en les humectant & en les frottant l'une contre l'autre, lorsqu'on les posoit, & que, dans cet état, on leur faisoit faire un mouvement de rotation l'une sur l'autre, par le moyen de l'axe de bois qu'on avoit placé au centre de chaque tambour de colonne. Cette opération peut seule expliquer la parfaite adhérence que j'ai remarquée entre ces pierres.

Tout l'édifice est fait avec cette perfection jusque dans les parties les plus cachées, qui ne semblent pas comporter de très-grands soins pour la taille des pierres; par-tout, en un mot, cette taille est à-peu-près également soignée.

Tel étoit le système de construction chez ce peuple : il n'épargnoit rien pour atteindre à la plus grande perfection. Il en résultoit la plus grande solidité. Je ne sais si c'est-là ce qui fit dire à Empédocle, philosophe né dans cette ville, que les Agrigentins bâtissoient comme s'ils ne devoient jamais mourir, & se hâtoient de jouir comme s'ils devoient mourir le lendemain.

Ce temple de la Concorde fut bâti par les habitans de Lilybée, ou plutôt aux frais de ces habitans, en vertu d'un traité de paix qui termina leur guerre avec les Agrigentins ; ce qui lui fit donner le nom de temple de la Concorde. Voici une inscription concernant ce temple, laquelle est à Girgenti.

CONCORDIAE. AGRIGENTINORVM.
SACRVM.
RESPVBLICA. LILYBITANORVM.
DEDICANTIBVS.
M. ATTERIO. CANDIDO. PROCOS. ET
L. CORNELIO MARCELLO.
Q. PR. PR.

Consacré à la Concorde des Agrigentins par la République des Lilybétans, & dédié par M. Atterius Candidus, Proconsul ; & par Lucius Cornelius Marcellus, &c.

La pierre dont on a construit les temples d'Agrigente a été prise dans le sein même de la ville ; elle n'est pas très-compacte : elle est composée d'un sable grossièrement agrégé, mais qui ne laisse pas d'avoir de la dureté. Les acides de l'atmosphère attaquent cette pierre & la décomposent ; c'est pourquoi il étoit d'usage de la couvrir, quand les édifices étoient achevés, d'un enduit ou plutôt d'un stuc parfaitement blanc, qui servoit à la conserver en la préservant de l'action de l'air, & qui donnoit à ces édifices un fini précieux d'exécution & un éclat qui devoit les rendre admirables.

Une esplanade en pierre s'étendoit devant ce temple. Il n'en reste que les fondations AA. Ce qui y manque a été enlevé, ce qui peut faire penser qu'il n'avoit que deux gradins à découvert. Le mur B est moderne.

J'ai fait une coupe longitudinale pour faire connoître l'intérieur de ce beau monument, le plus entier qui nous soit resté de tous les temples que les Grecs ont construits dans la Sicile. J'ai pris cette coupe de manière qu'elle fait voir jusqu'aux moindres détails de sa construction, tant en maçonnerie qu'en charpente, & même la disposition de sa couverture, ce qui donnera une idée à-peu-près complète de ces sortes d'édifices.

PLANCHE CCXXII.

Coupe longitudinale du temple de la Concorde, avec une esquisse supposée de sa décoration intérieure, et des cérémonies religieuses qui s'y faisoient.

Ces sortes de temples antiques, vus en perspective, se ressemblent tous à-peu-près à l'extérieur :

j'ai donc voulu présenter à mes lecteurs, pour leur offrir quelque chose de nouveau, la coupe de celui-ci, que les temps ont plus respecté qu'aucun autre. La couverture n'existe plus ; elle m'a été indiquée seulement par des trous, ou des cavitées carrées qui se voient encore dans les murs latéraux de la Cella ou sanctuaire , & par les murs de pignon des différentes entrées où étoient posées les filières & les faîtes qui portoient les chevrons de la couverture. Ces filières étoient fort multipliées.

Rien ne m'a dit positivement si les poutres du sanctuaire paroissoient à l'œil, ou si elles étoient recouvertes. J'ai cependant pris le parti de les cacher avec un plafond que j'ai fait au sanctuaire de ce temple ; car de voir des poutres & des solives, cela ne m'a pas paru assez noble pour un édifice d'ailleurs si parfait dans sa conception & dans son exécution.

Ainsi, dans cette estampe, le temple est rétabli quant à sa construction autant que ce qui en reste m'a paru indiquer ce qu'il étoit dans son état entier. L'Histoire confirme qu'il a été construit ainsi , quand elle dit que ces temples ont été brûlés. Si celui-ci avoit été construit tout en pierre, on n'y verroit pas encore les places de la charpente. Il est vraisemblable que les temples de même grandeur , de même forme & de même ordre, étoient de même construction.

J'ai composé la charpente de ce temple de la manière qui m'a paru la plus solide. Je n'ai indiqué ni lucarne, ni aucune sorte de fenêtres qui éclairassent ses greniers, dans la crainte de trouver des contradicteurs qui me critiquassent sur les formes. J'ai imaginé la charpente sur des indications positives.

Je dois faire observer qu'il régnoit dans ce temple une obscurité bien mystérieuse, puisqu'il ne recevoit de jour que celui qui entroit par les portes latérales. Le service s'y faisoit nécessairement aux lumières. C'étoient des lampes posées sur des candelabres. On les plaçoit où l'on vouloit ; c'est pourquoi je n'en ai mis aucune dans ce dessin. Cela favorisoit bien la fourberie des Prêtres pour en imposer au peuple, qui ne pouvoit pas voir la célébration des mystères.

Pour représenter l'intérieur du temple, j'ai supprimé tout ce qui manque ici du complément de cet édifice.

Pour achever ce portrait fidèle d'un temple antique, j'ai mis dans son intérieur, aux places que j'ai cru les plus convenables , les *ex voto*, les statues, les trophées, les proues de vaisseaux, les casques, boucliers, vases, &c. ; j'y ai représenté la divinité du lieu , & un sacrifice qu'on lui offre, avec toutes les cérémonies religieuses, & avec le peuple qui y assiste en foule : les soldats qui présentent leurs armes à la déesse, sont supposés lui adresser leurs vœux & lui rendre des actions de graces après quelque victoire.

Obligé de mettre dans cette estampe la statue de la déesse en proportion avec les restes de l'édifice, je n'en ai pas pu rendre les détails sensibles aux yeux : je vais les décrire ; ils m'ont paru intéressans.

La Concorde, qu'on appeloit aussi la Paix, étoit une divinité allégorique que les Romains adoroient, tout conquérans qu'ils étoient. Ils lui avoient élevé un temple magnifique. Ils la disoient fille de Jupiter & de Thémis, c'est-à-dire, de Dieu & de la Justice. Ils lui donnoient dans ses statues un grand caractère de douceur ; ils lui faisoient porter d'une main des épis, des roses & des branches d'olivier ; de l'autre, une petite statue de Plutus ; ce qui désignoit clairement l'abondance, les richesses & les plaisirs que l'on doit attendre de la paix. Elle avoit sur sa tête une demi-couronne de feuilles d'olivier, autre symbole de la fécondité qu'elle procure.

On célébroit sa fête à Rome le 16 de janvier ; & Furius Camille, après qu'il eut remporté la victoire sur les Etrusques, lui dédia un temple de marbre blanc.

Le 30 du même mois & le 30 de mars, on célébroit encore à Rome des fêtes en l'honneur de cette déesse. Cependant on ne connoît pas le culte qu'on lui rendoit. On ne peut guère que former des conjectures : on sait seulement qu'on lui offroit de l'encens, & qu'on lui immoloit des victimes blanches, ainsi que le dit Ovide, lorsqu'en terminant le premier livre de ses Fastes par les fêtes de la Paix, il s'écrie : » Que le soldat ne porte plus les armes que pour réprimer la violence, & que » la trompette ne se fasse plus entendre que dans la pompe solennelle du culte de nos dieux ! «

Coupe du Temple de la Concorde.

Plan du Temple de la Concorde.

CHAPITRE TRENTE-HUITIEME.

Plan & coupe du Temple de la Concorde. Grotte sépulcrale. Reste du Temple d'Hercule. Tombeau de Théron. Fragmens du Temple de Jupiter-Olympien. Vue générale des débris de ce même Temple.

PLANCHE CCXXIII.

Plan et coupe du Temple de la Concorde.

Ce temple n'est éloigné que de trois cent quatre-vingt-dix toises de celui de Junon ; il est bâti au couchant, sur le même rocher, & n'est distant que de six toises du bord où ce rocher, taillé en pic, forme un précipice très-élevé ; ce bord étoit défendu par un mur de parapet, taillé en grande partie dans cette même roche. On en voit encore des portions, aussi-bien qu'à l'orient du temple de Junon.

L'espace compris entre le mur & le temple, faisoit la rue dont j'ai parlé, & où j'ai observé des ornières creusées dans la roche. Cette rue se prolongeoit jusqu'au temple d'Hercule.

Le temple de la Concorde a cent vingt-six pieds de long, mesurés du dehors d'une colonne à l'autre, sur cinquante-un pieds quatre pouces de large, mesurés aussi en dehors des colonnes.

Ce temple est du genre de ceux que les Grecs appeloient *Périptère exastyle*, parce qu'ils étoient environnés entièrement de colonnes, & qu'ils en avoient six à leurs faces principales.

Je ne déterminerai pas quelle étoit la principale entrée. Celle de l'occident étoit plus vaste, & par conséquent plus libre que celle de l'orient, où la porte A étoit plus bornée que les trois intervalles des colonnes BB ; mais ce qui mérite d'être observé, c'est qu'aux entrées de ce temple, aussi bien qu'à celles des six arcades qui sont pratiquées de chaque côté dans les murs latéraux du sanctuaire ou de la *cella*, on ne voit en aucun endroit le moindre vestige, la moindre marque qu'il y ait eu des portes. Il devroit y avoir ou des feuillures, ou des trous, ou des gonds, ou des pivots, ou des places pour poser les gâches ou les verroux. Enfin, en examinant bien, on demeure convaincu que rien ne fermoit ce temple. On devoit être souvent mal à son aise dans un édifice tout ouvert à cette élévation, où les vents dominent, & cet édifice lui-même devoit être souvent maltraité ; ou si quelque chose lui tenoit lieu de portes, il falloit que ces portes ne fussent pas adhérentes à la construction de cet édifice : manière de fermer qui nous est inconnue aujourd'hui.

On tournoit autour du sanctuaire par le péristyle CC, &, à la faveur des six ouvertures latérales DD, on pouvoit adorer la divinité du lieu, & participer aux sacrifices, sans entrer dans le sanctuaire, ainsi que je l'ai représenté dans la planche précédente.

J'ai observé que les colonnes des faces principales & celles des faces latérales n'étoient pas également espacées. Les entre-colonnemens vers le milieu étant plus larges de quelques pouces que

TOME IV. H

vers les extrémités, ainsi qu'au temple de Ségeste, comme je l'ai déja observé. Les escaliers EE ne servoient, je crois, que pour monter dans des greniers compris entre le toît de cet édifice & le plafond de la *cella*.

On avoit creusé des tombeaux tout autour dans la roche sur laquelle ce temple est fondé.

On a converti en chapelle la partie M du sanctuaire de ce temple payen, sous l'invocation de Saint Grégoire. On y dit la messe tous les dimanches aux vignerons & autres paysans qui habitent aujourd'hui ces lieux, jadis si magnifiques, & qui ne sont maintenant qu'une agreste & franche campagne.

Figure 2.

Je présente ici la vue de l'intérieur du sanctuaire de ce temple, afin qu'on puisse juger, par cette fidelle imitation, que s'il y avoit eu des portes, il en resteroit quelques traces ou aux entrées latérales, ou aux entre-colonnemens BB ; ainsi ce temple n'étoit pas clos ; mais, comme il y avoit autour des murs des logemens pour les prêtres, l'accès pouvoit bien n'en être pas toujours libre.

L'espèce de fenêtre I n'étoit qu'un passage pour communiquer du grenier du sanctuaire à celui du péristyle. Je n'ai pu concevoir les beautés du plinthe LL, qui n'est pas continué sur les murs latéraux ; peut-être l'étoit-il en stuc, seulement pour la décoration intérieure.

On voit par ce dessin qu'il manque un pilier au mur latéral de la gauche, entre la deuxième & la troisième ouverture : il a été enlevé, & son absence laisse voir la colonne qui est derrière.

Dans l'ouvrage intitulé : Voyage pittoresque de Naples & de Sicile, chapitre IX, planche 86, on a présenté la vue intérieure de ce même temple de la Concorde que je donne ici ; mais on y a placé à droite le côté qui est ici à gauche. C'est une erreur commise par le graveur. J'atteste que le temple est tel que je l'ai offert dans cette estampe. Il y a encore dans cette même estampe du voyage de Naples, quelques autres négligences concernant les détails de ce temple : par exemple, à la vue latérale, les murs de pignon intérieur ne sont pas à leur place, & on a omis ceux de la communication des deux escaliers qui passent sous le toit, tels que je les ai représentés à la coupe longitudinale ci-dessus.

Il ne reste rien des murs qui entouroient ce temple, ni des édifices voisins, ni des maisons des prêtres qui en avoient soin. A quelques centaines de toises, suivant la même ligne, en allant au couchant, on voit des grottes sépulcrales creusées dans la roche.

PLANCHE CCXXIV.

Grottes sépulcrales.

Environ à cent toises du temple de la Concorde, vers le couchant, on trouve beaucoup de sépultures, de formes différentes, toutes creusées dans la roche. J'ai dessiné, pour en donner une idée générale, la grotte la plus grande & la plus pittoresque. On peut y voir les différens tombeaux ou sarcophages dont elle étoit remplie : ils sont semblables à ceux des autres grottes de ce lieu ; mais ils différent essentiellement de ceux que j'ai représentés planche CXCIX.

Cette grotte que j'offre ici est à peu-près ronde ; son entrée A est exposée au nord ; la voussure en est en coupole ; elle reçoit du jour & de l'air par une ouverture pratiquée à la partie la plus élevée de cette voûte ; son diamètre est d'environ dix-huit pieds ; elle communique à d'autres grottes carrées moins grandes, & elle a une issue vers le midi. Tous ces ouvrages sont taillés dans la roche ; le temps en a détruit bien des parties qu'il seroit intéressant de connoître. Ce qu'il y a de plus curieux aujourd'hui, ce sont les places B creusées dans les parois où l'on déposoit les morts.

Grotte Sépulcrale
à l'antique Ville d'Ivrée etc.

L'Arc ou Temple d'Hercule.

On fermoit les cavités mortuaires de ces parois avec des tables de pierres, ou avec des tuiles, sur lesquelles on écrivoit les noms & peut-être la date des funérailles du mort qu'on y avoit renfermé.

On peut présumer que ces grottes appartenoient à des sociétés ou à des familles, & lorsqu'elles étoient remplies, on en creusoit d'autres attenantes, où l'on pratiquoit, comme dans la première, une salle & des petits cabinets voisins en forme d'alcove. Il y avoit des espèces de puits où l'on pratiquoit des sarcophages tout autour tant qu'il en pouvoit tenir.

Au sortir de ce lieu, en suivant toujours la même direction vers le couchant, j'ai trouvé le temple d'Hercule.

PLANCHE CCXXV.

Débris du temple d'Hercule.

Selon les proportions de la seule colonne qui soit encore sur pied, il est avéré que ce temple étoit beaucoup plus grand que ceux dont j'ai donné les dessins.

Cette colonne a de diamètre six pieds trois pouces, ce qui indique qu'en la comparant à celles du temple de la Concorde, le temple d'Hercule devoit avoir trente-cinq pieds de hauteur, cent quatre-vingt-neuf de longueur, & quatre-vingt-trois de largeur, ce qui lui donne en tout soixante-trois pieds de longueur de plus que celui de la Concorde.

La plupart des pierres carrées qui formoient les gradins ont été enlevées, de sorte qu'on n'en peut connoître ni la longueur, ni la largeur, ce qui me réduit à les estimer par conjecture, d'après le diamètre des colonnes.

Il ne reste plus que quelques parties de ces gradins & quelques assises de la *cella* ou sanctuaire, ce qui montre que ce temple étoit tout entouré de colonnes.

Il paroît qu'il ne différoit pas beaucoup de celui de la Concorde, représenté planche CCXXIII; car les temples ne différoient pas entre eux autant que les divinités & les cultes.

Les débris qui en restent sont épars; le temps les a presque tous dévorés; des terres se sont amassées entre eux, & en recouvrent une partie; des arbres & des broussailles s'élèvent au dessus de toutes parts.

La situation de ces débris nous fait voir que ce temple étoit situé dans un endroit où on avoit taillé dans la roche à un large chemin qui conduisoit de la ville au port. Ce chemin se fermoit par une porte dont il ne subsiste plus rien. Elle s'appeloit *Orea*.

Hercule, chez les Grecs, passoit pour fils d'Alcmène; sa vaillance, ses immenses travaux & les services qu'il avoit rendus à tant de contrées, lui méritèrent l'apothéose; mais depuis que les modernes se sont mis à expliquer l'antiquité, & sont parvenus à savoir sur les usages des anciens tout ce qu'on en ignoroit dans des temps plus rapprochés du leur, Hercule a cessé d'être un homme & un dieu. Selon les langues du nord, Hercule n'est qu'un mot composé, qui veut dire général d'armée, chef de troupes; selon une autre explication, c'est le soleil : ses douze travaux sont les douze signes du zodiaque. Peut-être dans quelque temps en fera-t-on toute autre chose. Ce qu'il y a de vrai, c'est que la Grèce, l'Afrique, l'Asie, & l'Europe lui ont dressé des temples, plusieurs villes ont porté son nom, la race des Héraclides prétendoit descendre de lui; son culte étoit très-varié.

En quittant ces débris, & en passant par le chemin creusé dans la roche, à quelques cent pas vers le midi, on se trouve dans une grande prairie qui fut un faubourg d'Agrigente. Là, on voit ce temple d'Esculape dont j'ai déjà parlé, & dont je dois dire encore un mot.

D'Esculape.

Ce dieu, qui donnoit la santé, avoit un temple dans Agrigente. Il paroît que les Siciliens reçurent de Rome cette divinité; les Romains l'avoient reçue de la ville d'Épidaure, où, s'il en faut croire Paufanias, le culte de ce dieu avoit pris naissance. Nous ne connoissons pas mieux le culte de ce dieu que celui des autres, tant les prêtres de la mythologie ont eu soin de ne pas transmettre à la postérité les cérémonies par lesquelles ils attiroient la vénération populaire.

Tout ce que nous savons d'Esculape, c'est qu'on l'adoroit sous la forme d'un serpent, & que le coq lui étoit consacré. La belle forme de cet oiseau, sa force en amour, sa vigueur dans les combats, le beau privilége qu'il a de suffire à plusieurs femelles, & son extrême sobriété, tout en lui prouve une excellente constitution, une santé très-robuste. On ne pouvoit trouver un emblême plus convenable.

Nous savons encore que les dévots & les dévotes qui lui attribuoient leur guérison, ne manquoient pas de mettre dans ses temples la représentation de la partie de leur corps qui avoit été affligée de maladie; et on voyoit autour du temple d'Esculape un grand nombre de colonnes, sur lesquelles étoient écrits les noms de ceux qui attribuoient leur guérison à ce dieu. Il est vraisemblable que les prêtres d'Épidaure étoient des médecins qui faisoient prendre d'une manière mystérieuse des remèdes à leurs malades, & qui ne manquoient pas d'attribuer à la puissance de leur dieu les bons effets qui en résultoient.

Apollonius de Tyane ayant passé quelque temps dans le temple d'Esculape, y avoit appris l'usage d'un grand nombre de remèdes.

La plus grande partie des asclépies, ou fêtes d'Esculape, se célébroient en Grèce le 8 de mars; & le 22 septembre l'on faisoit aussi des processions en son honneur.

Dans la même prairie où est ce temple d'Esculape, on trouve le tombeau de Théron, édifice qui doit fixer notre attention pour quelques momens.

PLANCHE CCXXVI.

Tombeau qu'on croit être celui de Théron.

De tous les édifices de l'antique Agrigente, ce tombeau est celui qui s'est le mieux conservé après le temple de la Concorde. Cependant il n'est pas tout entier: il en reste assez pour nous faire connoître la singularité de son architecture. C'étoit un ouvrage de fantaisie; il nous apprend que l'idée de décorer un édifice avec des colonnes posées sur un soubassement est très-ancienne, & que les architectes modernes qui ont pratiqué cet usage ne l'ont pas plus inventé que beaucoup d'autres qu'on leur attribuent.

Une des croisées de ce petit édifice a trois pieds de large par en bas, & seulement deux pieds sept pouces par en haut. Cette bizarrerie est une licence de forme qui ne sera pas, je pense, imitée par un architecte d'un goût épuré. Cette croisée n'est pas une véritable fenêtre: elle n'est que sculptée sur le mur, c'est ce qu'on appelle une croisée feinte.

Une autre singularité qu'elle a encore, c'est qu'on y a tracé en bas relief les montans & les traverses qui, si elle eût été véritable, auroient contenu ces carreaux de marbre, de talc ou d'albâtre, qui chez les anciens, tenoient lieu de nos vitres. Les colonnes placées sur l'angle & engagées dans le mur, font un bon effet; le chapiteau ionique de ces colonnes est surmonté d'un entablement dorique; c'est encore une licence que l'auteur s'est permise, & cela nous prouve que,

de

Tombeau antique
que l'on croit être celui de Théron, près d'Agrigente.

de tout temps, & sur-tout dans les ouvrages de peu d'importance, on s'est permis de s'écarter des règles de l'art & de mêler plusieurs ordres ensemble. C'est une erreur, une sorte de fanatisme, qui fait soutenir obstinément à certains modernes que les anciens étoient invariablement attachés aux loix de leur art, & que chez eux tout avoit des convenances déterminées & relatives à l'objet auquel l'édifice étoit destiné, & dont chaque partie étoit une allégorie. Quelle convenance y a-t-il, par exemple, dans des triglyphes adaptés à un chapiteau ionique pour décorer un tombeau? & pourquoi falloit-il que les croisées qui ornoient les faces de cet édifice fussent plus étroites par le haut que par le bas? De bonne foi il faut convenir qu'en faisant de telles choses, l'architecte se livroit purement à sa fantaisie.

Si les anciens s'étoient assujettis à ne faire que copier servilement ce qu'ils avoient vu faire, nous n'aurions ni l'ordre corinthien, ni l'ordre composite, qui sont des inventions postérieures. Les trois autres ordres, plus antiques, ont depuis éprouvé l'influence des architectes, qui les ont embellis, & qui ont ajouté des membres aux chapiteaux & à la corniche, & des bases aux colonnes. C'est ainsi que les ordres d'architectures se sont perfectionnés avec le temps; ils sont, ou du moins ils paroissent parfaits aujourd'hui. Il est vraisemblable qu'ils ne subiront pas à l'avenir de nouveaux changemens, mais seulement quelques variantes.

L'intérieur de ce tombeau de Théron ne m'a rien offert de particulier: il paroît qu'il y avoit deux planchers qui formoient deux étages au dessus du rez-de-chaussée, lequel est totalement en contre-bas du sol actuel sur lequel j'ai placé une figure qui paroît sortir d'une porte. L'entrée de ce rez-de-chaussée est à la face orientale, opposée à la face A qui se trouve dans l'ombre.

L'intérieur de cet édifice est tout délabré. Diodore de Sicile nous apprend qu'il a été fendu d'un coup de foudre. On prétend que le tonnerre frappa ce tombeau au moment où il alloit être démoli par l'ordre d'Amilcar, qui, pour combler les fossés d'Agrigente qu'il assiégeoit, avoit ordonné d'abattre beaucoup de petits édifices & sur-tout des tombeaux. La foudre en tombant effraya les soldats & les dispersa; ils crurent ce tombeau protégé par Jupiter, & ils l'épargnèrent. Beaucoup de pierres disjointes dans toutes les assises des quatre faces font croire en effet qu'il a été foudroyé.

Les Agrigentins ne dressèrent pas des tombeaux aux hommes seulement: Diodore de Sicile nous apprend, dans son treizième livre, qu'ils en élevoient aux chevaux qui avoient remporté le prix de la course, & même à de petits oiseaux élevés dans des maisons particulières par de jeunes garçons ou de jeunes filles. Cet usage n'appartenoit pas aux seuls Agrigentins: Elien, liv. 8, ch. 4, nous parle d'un certain Poliarque, Athénien, qui inhumoit, avec le plus grand appareil, des chiens & des coqs qui avoient servi à ses plaisirs, & invitoit même ses amis à ces brillans convois. Une colonne placée sur leur tombeau apprenoit par une épitaphe les glorieux exploits de ces animaux. Athénée, liv. 12, ch. 12, semble parler de la même personne sous le nom d'*Hedipathe*, qui désigne un *voluptueux*. Comme l'histoire ne nous fait mention d'aucun Athénien nommé Poliarque qui ait eu cette folie, ce passage d'Elien a embarrassé les savans. Je communiquai cette observation à M. Lefebvre de Villebrune. Il m'a dit que le texte d'Elien étoit altéré, & qu'il falloit *Ætnéen* au lieu d'*Athénien*: alors nous nous retrouvons en Sicile. Mais les Siciliens, soit de l'Etna, soit d'Agrigente, ne sont pas les seuls qui ont rendu des honneurs funèbres à des animaux: Ovide a fait l'oraison funèbre d'un perroquet; Catulle celle du moineau de Lesbie; Adrien inhuma somptueusement des chevaux & des chiens; *Verus* plaça son cheval au Vatican dans un superbe tombeau; on sait la pompe avec laquelle le fameux Bucéphale fut enterré; Auguste rendit les mêmes honneurs à son cheval, & Germanicus fit une pièce de vers à ce sujet; Pollux nous a conservé plusieurs épitaphes mises sur des tombeaux de chiens; Théophraste, dans son Portrait de l'homme fier & ambitieux, lui fait enterrer son petit maltois, sous une colonne où on lit les grandes qualités de ce chien; Néron éleva un monument à sa cigale & à sa sauterelle. Nous pourrions citer nombre d'autres exemples; c'en est assez. Quant à ces tombeaux d'animaux, dont on voit encore des restes près d'Agrigente, Gualter en a fait mention dans ses Inscriptions de Sicile, comme on peut le voir dans le cinquième tome de la Collection de Burmann.

Il ne faut pas s'étonner que des payens ayent élevé ces tombeaux aux animaux qu'ils ont chéris, puisque, parmi les chrétiens, plusieurs femmes en ont dressé à leurs chiens ou à leurs chats, & que plusieurs de nos meilleurs poëtes en ont fait les épitaphes; les plus ingénieuses se retrouvent dans les porte-feuilles de tous les curieux. Cette folie seroit bien plus commune, si l'usage d'enterrer les morts dans une terre bénite qu'on appelle sainte, & si les cérémonies funéraires & sacrées qu'on employe depuis l'instant de l'agonie jusqu'à celui où le corps est déposé dans la terre, ne jetoient pas un air de profanation sur l'ensevelissement des animaux.

Dans le lointain du tombeau de Théron, depuis l'endroit marqué B, où l'on voit une partie du temple d'Hercule, avec la colonne qui subsiste encore, jusque vers les endroits marqués C & E, on voit une quantité prodigieuse de débris, de restes d'édifices de tout genre.

A l'endroit F, il y avoit une porte de la ville, dont j'ai déja fait mention en parlant du temple d'Hercule.

Rentrons par cette porte dans l'intérieur d'Agrigente, & visitons les restes du temple si célèbre de Jupiter-Olympien.

PLANCHE CCXXVII.

Ruines du temple de Jupiter-Olympien.

Il étoit le plus grand de tous les temples de la Sicile; ses débris s'étendent très-loin, & forment une masse considérable.

Fazello nous apprend que cet édifice n'a jamais été fini: les guerres que se firent les Agrigentins & les Carthaginois empêchèrent de l'achever. Tous les historiens attestent qu'il resta long-temps dans cet état d'imperfection, & qu'enfin la voûte s'écroula & entraîna presque tout l'édifice, à l'exception d'une portion de ses murs, de trois colonnes, de leur entablement & d'une partie de la voûte. Ces restes subsistèrent jusqu'au 9 novembre 1401, qu'un tremblement de terre fit tomber les chapiteaux & l'entablement qui les surmontoit.

Cette ruine présente une masse si imposante par la grosseur de ses colonnes, qu'elle excita toujours la plus grande admiration, & qu'elle donna de cet édifice une idée si avantageuse, qu'on appela ces colonnes les piliers des géans, à cause de leur énorme grosseur; elle est telle, que les colonnes d'aucun temple, soit de la Sicile, & peut-être d'ailleurs, ne peuvent leur être comparées. Enfin, les Girgentins, pour exprimer la vénération que ces colonnes leur inspiroient, en ont fait les armes de leur ville.

Si nous en croyons Diodore de Sicile, le temple de Jupiter-Olympien avoit de longueur trois cent quarante pieds, & au moins cent vingt de largeur. J'ai fait les plus grandes recherches pour trouver les justes mesures de ce temple, & selon la direction des murs & des angles opposés que j'ai mesurés, ce temple avoit cent quarante-trois pieds de large, ce qui ne diffère pas beaucoup de ce que dit Diodore, qui, ne parlant qu'en historien, n'étoit pas obligé de donner la mesure bien précise de ce monument.

Six colonnes à chaque face, chacune d'un diamètre de treize pieds à sa base, donnent d'abord soixante-dix-huit pieds; ajoutez-y cinq intervalles aussi larges chacun que le diamètre de la colonne, & vous aurez soixante-cinq pieds; en les ajoutant aux soixante-dix-huit des colonnes, vous trouverez que la façade avoit nécessairement cent quarante-trois pieds d'étendue. Cet ordre d'architecture étoit le même que celui des autres temples, ordre dans lequel on prenoit quatre fois & demi le diamètre

Vue générale de la mosse de Ochoa

Fragments du Temple de Jupiter Olimpien
à Agrigate.

de la colonne pour en compofer la hauteur : celles de ce temple avoient donc cinquante-quatre pieds d'élévation. Il faut y ajouter le chapiteau, l'architrave, la frife & la corniche, qui font enfemble environ trente-cinq pieds, ce qui donne quatre-vingt-quinze pieds en tout de hauteur, du larmier de la corniche de ce temple au gradin fupérieur fur lequel portoient les colonnes.

Ce temple devoit avoir quatorze colonnes aux façades latérales, felon les proportions des faces principales, proportions qui nous font données par les débris que j'ai trouvés dans des monceaux de ruines que j'ai repréfentés ci-deffous, & dont voici un exemple : S'il refte vingt pieds à partager en treize intervalles, c'eft bien peu, d'autant plus que, comme je l'ai déja obfervé, les entre-colonnemens des temples de Junon & de la Concorde ne font pas égaux. Dans celui-ci, felon ce même fyftême, ces vingt pieds fe trouveront abforbés dans ces différences des entre-colonnemens.

Les colonnes, à l'extérieur de ce temple, étoient engagées à moitié dans un mur qui les joignoit & qui fermoit ce temple ; il y avoit en dedans, des pilaftres carrés de même largeur que les colonnes, & qui répondoient à ces colonnes, pour former des piliers buttans qui foutenoient la pouffée de la voûte de ce temple ; car Diodore de Sicile fait entendre qu'il étoit voûté.

La folidité de ce temple étoit due autant à l'épaiffeur de fes murs, qu'à la perfection de la taille des pierres. Il eft difficile de concevoir comment un tremblement de terre a pu détruire un édifice d'une conftruction fi folide, & fondé fur la roche, fans détruire ceux de Junon & de la Concorde, qui n'en font pas éloignés, & qui font fondés fur la même roche. Je crois que la fureur des hommes y a plus contribué encore : l'eftampe fuivante en offrira une preuve.

PLANCHE CCXXVIII.

Fragment du temple de Jupiter-Olympien.

On voit dans ce fragment le chapiteau, l'architrave & la frife de ce temple, où fe trouve un triglyphe de neuf pieds onze pouces de haut. Les pierres de ce fragment ont été fi parfaitement unies, que, malgré leur poids, elles ne fe font pas féparées en tombant de la hauteur où elles étoient placées.

J'ai deffiné ce morceau d'après nature, tel que je le repréfente ici : il eft giffant au midi près de l'extrémité orientale des débris de ce temple.

Dans toute la vafte maffe de ces débris, je n'ai trouvé que quatre chapiteaux femblables à celui-ci. La face du tailloir de ces chapiteaux eft de quinze pieds fix pouces de large. Les colonnes avoient dix pieds fix pouces de diamètre près du chapiteau, & treize pieds par le bas ; environ quarante pieds de tour ; les cannelures, au bas de la colonne, avoient vingt-quatre pouces ; ce qui n'a pas peu contribué à les faire admirer comme une chofe extraordinaire. Cependant, quand on confidère que ces colonnes font faites par affifes de pierres de dix-huit à dix-neuf pouces de haut, le merveilleux difparoît.

Je ne doute pas qu'il n'y ait eu des entrées latérales à ce temple. J'ai remarqué dans l'épaiffeur de fes murs des vides circulaires, comme des tours creufes, comme le vide de certains efcaliers ; mais je n'y ai pas vu de marches.

Les intérieurs des frontons de ce temple étoient ornés de fculptures en bas-relief. Diodore nous dit que le bas-relief de la façade orientale repréfentoit le combat des géans, & celui de la façade occidentale le fiége de Troye ; qu'on y diftinguoit les héros par la différence de leurs vêtemens & de leurs armes. Les portes de ce temple étoient d'une grandeur admirable.

Je ne dois pas manquer de dire que ce temple, comme tous ceux dont j'ai parlé, étoit tourné d'orient en occident.

A l'orient de ce temple, sur le penchant du terrain qui conduisoit au temple d'Hercule, on trouve beaucoup de débris d'anciens édifices dont il ne reste plus que les fondemens. En face du chemin creusé dans le rocher, près de la porte qui conduisoit de la ville à la mer, on voit les fondemens d'un édifice dont les pierres ont été enlevées, & la forme qui en reste est telle, qu'elle fait croire que cet édifice avoit des gradins.

Dans cet amas de débris, on voit fréquemment des murs qui forment des angles droits, & qui font connoître que tout ce terrain a été couvert de maisons. Plus loin, on voit que la roche a été taillée pour servir à toutes sortes d'usages ; mais il ne reste aucun caractère positif : les travaux, par le mélange de leur style, indiquent différens âges : on y voit beaucoup de tombeaux.

Il y a un ravin à une vingtaine de toises de ce temple : j'ai observé qu'il y avoit autrefois un égout pour recevoir ces eaux ; mais depuis que ce pays est devenu désert, les eaux s'y sont amassées avec tant d'abondance, par l'inclinaison du terrain, qu'elles ont entraîné toute la construction de cet égout, & qu'il n'en reste plus que quelques assises de pierres.

Tous ces débris offrent à la cupidité de grands moyens pour bâtir à peu de frais : c'est une carrière de pierres à-peu-près tailléees comme on le veut ; & il est étonnant qu'on ait autant bâti à Girgenti & au port, & qu'il en reste encore une si prodigieuse quantité. Si l'on avoit fait un mole dans la mer, comme on l'avoit proposé, on eût employé beaucoup de ces pierres. Ce n'eût pas peut-être été un grand mal : le déblai de ce terrain eût découvert tout le plan du temple de Jupiter-Olympien ; on eût retrouvé des fragmens, des figures, des frontons, qui auroient confirmé tout ce qu l'Histoire en dit.

Jupiter, regardé comme le premier des douze grands dieux du paganisme, devoit avoir sans doute le culte le plus solennel ; cependant nous ne le connoissons guère : nous savons qu'on lui sacrifioit quelquefois un taureau blanc dont on avoit doré les cornes, & que d'autres fois on immoloit sur ses autels des chèvres & des brebis. Il paroit que son culte varioit selon les temples & les pays. En Egypte, on l'appeloit Jupiter-Ammon ; on le représentoit avec des cornes de bélier. En Grèce, il fut célébré sous le nom d'Olympien, à cause des jeux olympiques, célébrés sous les murs d'Olympie, ville bâtie dans une vallée entre le mont Olympe & le mont Ossa. La gloire des vainqueurs couronnés pour avoir eu le prix à la lutte, au ceste, à la course à pied, ou à cheval, ou sur un char, rendit très-renommé le dieu invoqué par tous les concurrens, plus avides du prix que du culte. Les Grecs nous ont détaillé tout ce qui se faisoit dans le cirque, & ne nous ont rien dit des cérémonies du temple. Pausanias nous a décrit en amateur la statue d'or & d'ivoire de ce dieu assis sur un trône d'or & d'ivoire ; il nous a peint son sceptre surmonté d'un aigle, sa chaussure & son manteau d'or, il nous apprend qu'on avoit gravé sur ce manteau toutes sortes d'animaux & de fleurs, sur-tout des lis ; mais il ne nous dit que très-peu de chose de son culte.

Il nous dit que l'autel de ce dieu avoit vingt-deux pieds de haut, & s'élevoit sur trente-deux marches ; que cet autel & ces marches étoient formés de la cendre des victimes qu'on y avoit immolées. Il auroit dû nous dire comment on formoit des marches & un autel solide avec de la cendre, ou si cet autel & ces marches avoient été construits avec le prix de la cendre des victimes, vendue par les prêtres aux dévots & aux dévotes ; ce qui paroit plus vraisemblable. Cet autel étoit entouré d'une balustrade de cent vingt pieds de circuit. Le peuple ne passoit pas la balustrade : les victimes étoient égorgées par les sacrificateurs entre la balustrade & les marches : quand elles avoient été mises en pièces, on en faisoit rôtir les cuisses sur l'autel.

Les femmes n'entroient jamais dans cette enceinte ; mais je crois que l'homme qui offroit le sacrifice passoit au-delà, & se mettoit avec les prêtres. Il paroit que les Eléens avoient des jours marqués pour faire des sacrifices ; mais les étrangers pouvoient offrir leurs victimes en tout temps. On a toujours favorisé les pèlerins.

Débris du Temple de Vulcain
d'Agrigente

CHAPITRE TRENTE-NEUVIEME.

Restes du Temple de Vulcain. Ruines de celui de Castor & Pollux. Vivier d'Agrigente. Fontaine de Pétrole. Mur antique de la ville d'Agrigente. Débris d'un Bain de marbre, & autres détails du Temple de Castor & Pollux. Pont qui communiquoit d'Agrigente à Agrigentino in Camicus. Fosse & Egout antique. Petit Temple particulier.

En quittant les ruines du mémorable temple de Jupiter Olympien, & en dirigeant toujours ses pas vers l'occident, on rencontre à cent toises de distance, dans un lieu fermé d'une haie, les débris d'un temple ; on ne sait pas bien à quelle divinité il appartenoit ; on croit communément que c'est à Vulcain, parce qu'on sait par la tradition, que Vulcain avoit un temple dans Agrigente.

Le P. Pancrace dit que ce temple étoit sur le mont Tauro, qu'il l'y a cherché, qu'il n'en a pas trouvé la moindre trace ; & il ne parle pas des débris que j'ai vus, & que je présente ici. Comment ne les a-t-il pas vus, lui sur-tout qui avoit pour dessinateur un homme de Girgenti qui devoit les connoître ?

L'auteur du Voyage pittoresque de Naples & de Sicile n'en fait pas plus mention que le père Pancrace. Sans doute ses dessinateurs ne les ont pas remarqués. Cependant ils parlent d'un temple de Vulcain, mais ils le placent près du merveilleux lac où les Agrigentins entretenoient des poissons de toutes les espèces.

On dit aussi qu'il y avoit un temple de la Pudeur, mais on ne dit pas où il étoit situé. C'est une divinité que les Agrigentins outrageoient perpétuellement ; mais ce n'étoit pas une raison pour ne la pas adorer & pour ne lui pas élever des temples. Rien n'est plus commun que d'encenser le dieu qu'on offense.

PLANCHE CCXXIX.

Débris du Temple de Vulcain.

Je dis de Vulcain pour suivre l'opinion commune, & parce que je ne trouve nulle part ailleurs les débris de son temple. J'ai vu dans ce lieu, au milieu des aloès & des amandiers dont il est couvert, une multitude de tambours, de colonnes renversées çà & là avec leurs chapiteaux ; tout est sans ordre & sans symétrie, excepté ceux AA qui sont à la droite de cette estampe : ils sont disposés en ligne droite, & dans une direction perpendiculaire qui engage à croire que le temple s'étendoit d'orient en occident, ainsi que les précédens. J'ai même remarqué du côté de l'occident deux ou trois apparences de marches ou de degrés disposés du midi au nord, & qui peut-être précédoient les gradins du temple, & formoient un palier avant ces gradins.

VOYAGE PITTORESQUE

J'ai reconnu dans les chapiteaux, soit entiers, soit mutilés, qui paroissent au travers des arbres & des broussailles, un ordre d'architecture à-peu-près semblable à celui du temple de la Concorde.

J'ai remarqué à l'occident, au nord & au midi de ces débris, des portions de murs assez considérables & disposés à angles droits les uns sur les autres. Ces portions de murs consistent encore en plusieurs assises de belles pierres. Ils ont dû former les logemens des prêtres & des personnes attachées au service de ce temple : c'est ce qui confirme ce que nous dit l'abbé Banier, que les petits pontifes, les sacrificateurs, les aruspices, les augures, logeoient près des temples, & emportoient chez eux les restes des victimes, dont ils faisoient des festins où ils se livroient à de grandes gaietés.

On voit encore au midi des restes de murs construits pour soutenir les terres. Ces murs sont d'une belle exécution ; ils sont disposés par étages, & forment des terrasses qui suppléent à la roche dans les endroits où elle manque. *Voyez* la carte à l'endroit marqué X entre ce temple & le suivant. Ce terrain est le lit d'un ravin profond que les eaux ont formé, & qui est d'autant plus profond, que depuis l'abandon de cette ville, les travaux de maçonnerie ont été dégradés par le temps ou enlevés par les hommes. Il ne reste plus rien de son état ancien. L'espace entre ce terrain & celui du temple de Castor & de Pollux est considérable : il y a environ trois cents toises d'un temple à l'autre.

La pointe de terre où est le temple de Castor & de Pollux, a fait partie & a été la suite du même terrain sur lequel est le temple de Vulcain ; mais les eaux ont creusé entre eux, & les ont séparés par une profondeur de dix à douze toises, dont la largeur est de vingt ou de trente.

PLANCHE CCXXX.

Restes du Temple de Castor et de Pollux, marqué Y au plan général d'Agrigente.

Ce temple de Castor & de Pollux est celui qui termine la grande ligne sur laquelle on a élevé six temples d'orient en occident. Ces six temples sont désignés au plan par les lettres N, Q, S, V, X, Y. Ce dernier est aujourd'hui dans un champ presque isolé & très-escarpé ; il n'a plus que deux tronçons de colonnes, posés l'un & l'autre sur une portion des gradins du péristile. Un côté de cet édifice a encore cinquante-cinq pieds & l'autre soixante-cinq de longueur. Ces colonnes sont représentées telles qu'on les voit.

Ces colonnes & ces gradins ont des détails assez curieux, en ce qu'ils sont particuliers à ce temple. Je n'en ai vu de pareils nulle part ailleurs. Je les ferai connoître avec d'autres objets, en les représentant dans l'estampe suivante. C'est là tout ce que m'ont offert les restes de ce grand monument.

Le culte de Castor & de Pollux est d'origine Phénicienne. Ces peuples navigateurs les représentoient en petit à la proue de leurs vaisseaux ; selon la tradition la plus ancienne, ce fut deux navigateurs qui purgèrent la mer de corsaires, & dont on fit à la suite des temps la constellation des Gémeaux.

Quoi qu'il en soit, le culte de ces deux Gémeaux passa de la Phénicie dans la Grèce, où ils furent nommés Διοσκυροι, Dioscures, fils de Jupiter. On leur éleva un temple dans Athènes, on les regardoit comme des divinités chargées d'appaiser les tempêtes, & on les surnomma *dieux sauveurs*. Cette circonstance est une preuve que leur culte étoit dû à un peuple navigateur, & elle nous apprend pourquoi ils en plaçoient les images à la tête de leurs vaisseaux.

Les habitans de Céphale avoient une dévotion particulière pour les Dioscures, & ils les plaçoient au nombre des grands dieux. Les Spartiates leur avoient élevé un temple, & avoient placé leurs statues à la tête des *dromes*, ou lieux destinés à la course.

Le culte des Dioscures passa de la Grèce à Rome, dans l'Italie, dans la grande Grèce & en

Ruines du Temple de Castor et Pollux.

Sicile. Ovide assure que les dieux Lares n'étoient que Castor & Pollux. Les Romains & plusieurs autres peuples leur élevèrent des temples : le 27 janvier & le 15 juillet leur étoient consacrés à Rome; les chevaliers Romains alloient à cheval & en procession du temple de l'Honneur au Capitole.

Les Dioscures étoient considérés sous divers rapports par les différens peuples qui les adoroient : les Phéniciens voyoient en eux les dieux de la navigation; les Athéniens, des héros déifiés; les Romains, une simple constellation, ou des dieux Lares.

Vivier d'Agrigente.

Au pied de la colline sur laquelle le temple de Castor & de Pollux étoit élevé dans Agrigente, on voit la place où étoit ce fameux étang d'environ un mille de circonférence, & de vingt coudées, dit-on, de profondeur; il passoit pour être fait absolument de main d'homme, ce qui est très-peu vraisemblable. Les Agrigentins, dit-on encore, y conservoient soigneusement une grande quantité de poissons d'eau douce.

Les historiens en ont parlé; il n'en reste plus aujourd'hui aucune trace; on ne trouve pas même les vestiges de son enceinte. Le fleuve Agragas, dont les eaux entretenoient cet étang, ayant été négligé depuis que la ville a été abandonnée, a entraîné les terres & les pierres, qui le formoient, en a creusé plus loin la vallée de tous côtés, & en a porté les débris à la mer.

On dit que le poisson de cet étang étoit destiné pour les repas publics, ce qui pourroit faire croire qu'on y nourrissoit aussi des poissons étrangers à la Sicile. La surface des eaux étoit couverte de cygnes, d'oies, de canards & d'autres oiseaux qui se plaisent dans les marécages; ce qui formoit un spectacle agréable, car les Agrigentins ne négligeoient rien de ce qui pouvoit augmenter leurs plaisirs.

Près du lieu où fut cet étang, sur le penchant d'une colline, au nord, dans un petit jardin, on voit une source qu'on prétend être une source d'huile. Je l'ai fort examinée : je n'ai vu dans le petit creux qu'elle remplit, que de l'eau dont la surface oléagineuse offre des iris, c'est-à-dire, des teintes bleues & jaune, avec les combinaisons colorées que donnent ces couleurs, telles qu'on en voit sur quelques eaux stagnantes : c'est le produit de la dissolution de certaines plantes que le lavage des pluies amène, & dont les parties constituantes & grasses forment ces iris, en se déposant sur les eaux. S'il est vrai que celle-ci soit une eau de source, ces iris peuvent être causés par la dissolution de quelques terres bitumineuses qui sont dans le voisinage.

Au dessus de ce lieu, on trouve des souterrains creusés dans la montagne en différens endroits; il y en a qui sont tellement étroits, qu'il n'y peut passer qu'un seul homme à la fois; ils s'étendent très-loin dans la terre & dans la roche; ils ont toutes sortes de directions. Il y en a plusieurs sur les rives de l'Agragas, en remontant ce fleuve au dessous d'*Agrigentino in Camicus*, & en bien d'autres endroits de cette ville antique, notamment au dessous du lieu où fut jadis la forteresse de Cocale, au couchant.

Cette espèce de souterrain ne doit pas se confondre avec les égouts ou cloaques que les Agrigentins ont fort multipliés dans leur ville & dans leurs terres pour n'être pas incommodés des eaux sales que ces égouts conduisoient aux fleuves. Ces souterrains ont une autre origine : il paroît que ces aqueducs, ces espèces de fentes dans les montagnes, avoient été creusés exprès, pour que les nuages & l'humidité de l'atmosphère en se résolvant en eau, arrivassent dans ces cavités, & ne se perdissent pas, égarés dans le sein de la roche, où l'eau n'eût été d'aucun usage pour les habitans voisins de ces lieux. Ces eaux coulant vers l'embouchure ou l'entrée de ces souterrains, y formoient des fontaines foibles mais permanentes. Quelques-unes même, par l'abondance d'eau qu'elles donnent en tout temps, paroissent une espèce de prodige. Telle est celle qui subsiste encore sur le bord du chemin qui mène de la mer à la ville de Girgenti, à mi-côte, un peu au dessus de l'Agragas, près d'*Agrigentino in Camicus* : on y voit un grand abreuvoir toujours rempli d'une eau très-bonne &

très-utile pour les gens de la campagne, pour les voyageurs, pour tous ceux qui vont du port à la ville & de la ville au port.

De tous ces aqueducs, le plus merveilleux est celui qui est placé à trente ou quarante pieds au dessous de la sommité de la montagne où étoit jadis la forteresse de Cocale, & où est aujourd'hui le séminaire de Girgenti. Cette roche est tellement spongieuse, qu'au moyen de ces souterrains, elle fournit même en été une assez grande quantité d'eau pour approvisionner toute la partie de la ville de Girgenti, qui est de ce côté, c'est-à-dire, au couchant de la montagne. Elle en fournit aussi le faubourg appelé Rabbato.

Du côté du nord, la partie escarpée de cette montagne donne en bien des endroits de l'eau qu'elle contient en abondance, & qu'elle rend par superfluité, même au travers des terres, qui du pied de cette roche sont inclinées jusqu'au bas du vallon où ces eaux se réunissent. Ce n'est pas le seul endroit où les Siciliens aient tiré des rochers un étonnant avantage, pour arroser des lieux qui eussent été arides sans cet artifice. Nous avons déjà parlé du fameux puits de la ville d'Acra à Palazzolo, où Denis le tyran avoit un palais.

Ainsi les anciens, en étudiant avec soin la nature, ont conçu qu'ils pouvoient parvenir, en creusant solidement dans le rocher, à se faire des sources factices & des ruisseaux qui leur fourniroient de l'eau où ils en auroient besoin. Cette observation, cet art des anciens est trop ignoré; je crois devoir en instruire mes lecteurs, afin que ceux qui auroient dans leurs terres des collines d'une roche tendre & poreuse, situées dans des lieux où l'eau seroit rare, se fissent, en y pratiquant quelques souterrains semblables, des ruisseaux & des fontaines précieuses.

Je citerai encore d'autres exemples de cette sorte de phénomène à la fin de ce volume, en parlant de Malte.

PLANCHE CCXXXI.

Vue du mur antique où étoit une porte d'Agrigente.

Pour fermer de ce côté la ville d'Agrigente, il avoit fallu pratiquer un mur qui traversoit toute la largeur de cette vallée; on y avoit fait une porte, qui a disparu lorsqu'on a enlevé les grandes & belles pierres de ce mur. Il n'en reste que ce que je représente dans cette estampe. Ce mur étoit fort épais; c'étoit une espèce de carrière où l'on trouvoit des pierres toutes taillées; on n'avoit que la peine de les prendre & de les emporter: on en a usé sans scrupule & sans ménagement.

Plus près du fleuve, dans une vallée voisine de celle-ci, coule un torrent qu'on appelle le fleuve Saint-Léonard; sur le côteau qui borde sa rive gauche sont beaucoup de débris sans noms & sans forme; sur la rive droite sont les restes de la voûte d'un pont qui conduisoit d'Agrigente à *Agrigentino in Camicus*. Les restes de ce pont n'offrent que quelques murs adossés à la colline qui les surmonte.

En suivant la rive du torrent, on parvient à une fontaine moderne posée sur des fondemens antiques; on en a fait un abreuvoir. On voit sur la rive gauche beaucoup d'ouvrages faits dans la roche, entre autres des centaines de sarcophages disposés régulièrement, comme on peut le voir dans le plan d'Agrigente. Ils sont d'une belle exécution: ils sont alignés & également espacés. Ils étoient pratiqués, selon l'usage, dans le côté de la roche exposé au midi; ils se sont trouvés dans l'enceinte de la ville, mais peut-être ont-ils servi long-temps avant que la ville se soit étendue jusqu'à ce rocher.

En descendant le torrent, vers le chemin qui conduit à la chapelle de Saint-Léonard, on trouve la roche très-travaillée, sans qu'on sache précisément quel étoit le but de ces travaux.

En descendant vers le midi, au-delà de cette chapelle, à l'endroit appelé la Metz, le terrain inégal offre encore des travaux, tels que des souterrains creusés dans la roche, pour obtenir de l'eau par infiltration; ils sont profonds & ramifiés en tout sens.

La

Vue du Mac unique et d'une des Portes marquées

Fragments antiques d'Architecture

DE SICILE, DE LIPARI, ET DE MALTE.

La Meta est une colline isolée ; sa cime plane portoit, dit-on, autrefois un temple d'Hermès ou de Mercure. Il n'en reste rien.

Passons maintenant à des bains qu'on rencontre en suivant cette colline, & aux détails intéressans du temple de Castor & de Pollux.

PLANCHE CCXXXII.

Fragmens d'un Bain antique. Détail du Temple de Castor et de Pollux. Corniche particulière trouvée dans les débris d'Agrigente.

J'ai rassemblé dans cette estampe plusieurs objets curieux, & que je voulois faire connoître à mes lecteurs comme dignes d'attention.

1°. Le temple de Castor & de Pollux, pour leur montrer que l'architecte qui l'a élevé avoit formé le projet d'y mettre des détails qui l'ornassent d'une manière particulière. J'ai observé qu'il a séparé les cannelures par un petit champ carré d'un demi-pouce de large, tandis qu'aux autres temples les cannelures se joignent en biseau. Ces colonnes ont quatre pieds dix pouces de diamètre.

Il faut remarquer encore la manière dont ces colonnes sont cernées au pied par un refend qui en fait le tour, & qui a pour profondeur la moitié de la cavité des cannelures ; ce qui met ces cannelures en saillie, & ce qui donne à cette colonne beaucoup de légèreté.

L'architecte, pour accompagner cette colonne, & lui ôter une partie de l'isolement excessif qu'elle auroit à l'œil par son élévation au dessus du gradin qui la porte, a formé un carré autour, en y plaçant quatre petites tables de relief B, dont l'épaisseur est la moitié du refend qui cerne cette colonne tout autour. *Voyez* le plan A & l'élévation B.

Les gradins sont très inégaux en largeur : le premier a cinq pouces de large ; le second, quatorze ; le troisième & le quatrième, dix-huit. Ils ont tous dix-neuf pouces de hauteur. Faut-il croire que ces gradins ne servoient pas à monter au temple ? Ils auroient été trop incommodes. Pourquoi cette inégalité ? pourquoi étoient-ils creusés en dessus d'un pouce de profondeur dans toute leur longueur, & jusqu'à trois pouces de l'arête de la cimése ? pourquoi ces gradins sont-ils ornés aux faces d'une cimése carrée EE, & de refends en biseau disposés perpendiculairement aux endroits qu'on suppose être les joints des pierres ? *Voyez* F. Enfin pourquoi chaque moitié de ces refends sont-ils continués horizontalement, & forment-ils une table en saillie G ? Au premier de ces gradins d'en bas, on voit des espèces de modillons de neuf pouces de face, deux pouces & demi de saillie : la partie supérieure en est inclinée comme un toit. *Voyez* le dessin.

Ces particularités, qui ne sont communes ni aux temples d'Agrigente ni à aucun autre de Sicile, mais seulement au temple de Segeste (*voyez* chapitre premier), m'ont paru dignes d'être représentées à la suite des débris de ce temple, afin qu'on pût les connoître.

J'y ai joint une corniche qui ne m'a pas paru dépourvue de beauté ; je l'ai représentée à cause de ses modillons singuliers dont je ne connois pas d'exemples : ils sont refendus d'une manière continue qui les lie tous ensemble en les considérant en plafond. *Voyez* le plan H. Ces modillons K renferment une table de relief. J'espère que les architectes qui verront cette corniche se feront dorénavant un plaisir de l'employer.

J'ai trouvé cette corniche dans les débris dont on a fait des murs de différentes pierres posées à sec pour clore différentes fermes, métairies ou jardins des environs de Saint-Nicolas.

Dans la rue qui descend de ce couvent au temple de la Concorde, on rencontre des tronçons de colonnes qui nous indiquent qu'elles étoient cannelées dans la longueur de deux tiers dans leur partie

TOME IV.   L

supérieure, tandis que le tiers inférieur en étoit lisse. Ces colonnes sont de l'ancien dorique; ce qui prouve que cette manière d'orner les colonnes de parties lisses & de parties cannelées n'est pas moderne.

Bain de marbre blanc marqué &, au plan général d'Agrigente.

En remontant les rives du torrent qui sépare le temple de Castor & Pollux du temple de Vulcain, & en passant au-delà du temple de Jupiter-Olympien, en face de celui d'Hercule, suivant la vallée qui monte vers Saint-Nicolas, avant d'arriver à la hauteur de ce couvent, on trouve dans une métairie les restes d'un bain de marbre dont il ne subsiste plus que quelques gradins circulaires de l'intérieur. Autour de ces gradins régnoit autrefois une colonnade d'ordre corinthien, dont je représente ici le haut & le bas d'une colonne, avec la corniche M, N, O, comme un ornement qui pouvoit aussi appartenir à ce bain. Cet ouvrage est Romain, & même des derniers temps où cette nation a régné en Sicile. Le dessus de cette corniche est creusé & fait cuvette pour recevoir les eaux d'une fontaine dans un jardin voisin où l'on voit différens fragmens de colonnes & chapiteaux antiques. L'ornement O est percé, & l'eau de cette fontaine s'échappe par le pertuis P.

En remontant toujours ce même torrent sans s'en écarter, on voit à droite & à gauche dans les terres que les eaux ont creusées, des égouts construits profondément, & que ces eaux ont découverts en différens endroits. On y voit aussi différentes constructions qui annoncent qu'il y a encore beaucoup d'édifices enterrés de tous côtés. Continuant toujours de remonter ce torrent, on voit près de Saint-Nicolas une portion de ces cloaques que le P. Pancrace appelle *Feaci*, du nom, dit-il, de l'architecte qui les a construits.

PLANCHE CCXXXIII.

Egout souterrain fig. 1, *marqué au plan par ce signe* ⊃⊂.

Pour donner à la ville d'Agrigente une propreté qui répondît à la beauté de ses édifices, & qui procurât la salubrité nécessaire dans une grande ville, on avoit pratiqué au fond des grandes vallées & des endroits où le terrain s'abaissoit uniformément, des conduits souterrains pour l'épanchement des eaux pluviales & des autres eaux; tous les rameaux des ruisseaux de toutes les rues aboutissoient à de petits égouts qui se rendoient au grand, qui se déchargeoit dans le fleuve, qui portoit tout à la mer.

Les ravins creusés par les eaux vagabondes depuis que l'abandon de ces lieux & le défaut d'entretien a laissé tout dépérir, ces ravins ont découvert de tous côtés des citernes, des aqueducs, des égouts. La dégradation augmente chaque jour, & chaque objet devient méconnoissable d'une année à l'autre. J'ai remarqué toutes les fois que j'y ai porté mes pas, dans le cours de deux ou trois ans, des changemens considérables: j'ai vu dans ce court espace les eaux découvrir des portions de maisons ensevelies, depuis plusieurs siècles, à une grande profondeur, sous les débris & sous la poussière que les vents apportent des terres voisines & des ruines dispersées dans ces lieux.

Ces objets découverts par les eaux m'ont fait connoître des choses dont personne n'avoit eu l'idée, & m'ont persuadé que si on fouilloit ce terrain, on trouveroit beaucoup de ruines dont les constructions seroient curieuses & instructives. J'y ai vu des lambris en stuc, des planchers en mosaïque; j'ai vu différens étages & des embranchemens des souterrains faits à différentes époques. Ils ressemblent à des ramifications, pénétrant la terre de toutes parts pour la purger des eaux inutiles.

Il y en a de toutes grandeurs, depuis vingt-six pouces jusqu'à trois ou quatre pieds de large & plus. J'ai représenté celui-ci, parce qu'il est d'une construction particulière. Il n'est pas en voûte à plein cintre comme ils le sont ordinairement: il est formé en voûte d'augive, comme on le voit dans cette estampe,

Fosse antique d'Agrigente, marquée au Plan par une petite *r*.

Pont Souterrain

au moyen des pierres faillantes les unes fur les autres, qui fe réunissent & fe foutiennent réciproquement au fommet de cette voûte.

On ne daignoit pas dans ces fiècles anciens faire ces fortes de voûtes avec des claveaux dont les affifes fuffent dirigées vers le centre de la voûte. Il y a dans cette efpèce d'aqueduc un autre aqueduc plus petit, formé par une rangée de pierres A parallèle au mur, & une fuite continue de pierres minces B pofées fur celles-ci, & inclinée contre le mur latéral. On ne peut voir d'où vient cette divifion, ni quel en a été l'objet.

A quelques pas de là, les pierres de la voûte ayant manqué, les terres ont écroulé, & ont intercepté la continuité de ce vide.

En defcendant ce ravin, à une centaine de pas, où la roche forme fon lit, on voit après une petite chûte d'eau, un autre égout qui croife celui-ci à angles droits. Il eft d'une belle conftruction.

La violence des eaux de ce premier ravin a emporté une partie de ce dernier.

Fosse antique.

Vers le haut de la colline de ce ravin, on voit une cavité. J'ai marqué celle-ci d'une ✛ dans le plan. Dans cette feconde eftampe, j'ai placé des figures qui paroiffent occupées à remarquer cette cavité; l'une d'elles paroît y defcendre avec une échelle. Cette cavité eft de forme conique, c'eft-à-dire, elle eft ronde, & beaucoup plus large dans fa partie inférieure qu'à fon entrée. Ce font ces fortes de travaux qu'on appelle en Sicile des foffes. Il y en a par-tout, de toutes fortes de grandeurs, antiques & modernes; on les employoit à beaucoup d'ufages différens, fur-tout à conferver des denrées, foit grains, légumes, fruits ou liqueurs, huile ou vin.

Celle-ci n'étoit pas immenfe, elle avoit tout au plus douze pieds de diamètre à fa bafe: elle eft creufée dans la roche & terminée en haut par de la conftruction, comme on peut le voir dans le deffin que j'en donne. Tout l'intérieur étoit enduit avec un ciment très-dur, dont les pores très-ferrés ne me permettent pas de douter que l'on n'y dépofât de l'huile ou du vin, & qu'il ne s'y conservât très-bien & très long-temps.

On voit de ce lieu, mais de l'autre côté du vallon, le couvent de Saint-Nicolas. Je m'y rendis. Si pour y aller on prend la route du nord, en fuivant ce même vallon, on verra quantité de reftes de conftructions de différens genres. On m'affura qu'on y avoit trouvé des fcories de charbons de terre & de métaux, qui indiquent que ce lieu devoit avoir été une forge ou une fonderie.

On voit d'autres portions de fouterrains en bien des endroits. On trouve bien des objets dignes de remarque à l'extrémité de ce vallon, où paffe le grand chemin de Saint-Nicolas: des reftes de maifons taillées à moitié dans la roche, des reftes de mofaïque, d'autres faites avec du ftuc ou avec un mortier devenu très-dur, dans lequel, lorfqu'il étoit tendre, on avoit artiftement incrufté de petits morceaux de marbre blanc & coloré, de granite ou de porphyre, qui par leur forme, leur grandeur, leur diftance refpective & leur mélange avec d'autres pierres, offroient des deffins fort agréables & indeftructibles. Lorfque tout cet affemblage s'étoit durci en fe féchant, on le frottoit avec du fable & des pierres pour l'aplanir & le polir; puis on en formoit des planchers très-beaux, très-folides & fort peu coûteux.

Sur le chemin de Saint-Nicolas, on peut obferver des murs de pierres pofées à fec avec peu d'ordre: ce font des débris d'antiques conftructions, où l'on remarque entre autres, des colonnes de toutes fortes de diamètres; ce qui m'a confirmé dans l'idée que j'avois déja conçue que les anciens ne mettoient pas feulement des colonnes à leurs temples, mais qu'ils en mettoient encore à des édifices de très-peu d'étendue, même à de fimples maifons. J'ai trouvé des colonnes de treize diamètres différens & de très-petits chapiteaux, tous d'ordre dorique des premiers temps.

Les environs de Saint-Nicolas, au levant & au midi, font remplis de rangées de colonnes & de murs enterrés, dans des directions régulières ; plus loin, dans un vaste champ labouré, sont des caves voûtées d'une belle exécution. A l'orient l'aspect du terrain offre l'idée d'un vaste théâtre, mais aucun détail ne confirme cette conjecture : on y voit de longs & de gros murs faits en belles pierres ; plus loin ou en trouve encore. Dans quelque sens qu'on parcoure ces lieux devenus campagnes, on voit que c'est une ville qui s'évapore, pour ainsi dire, par la dissolution de toutes ses parties, que l'air corrode & que les vents enlèvent.

Dans le couvent de Saint-Nicolas, j'ai remarqué un petit édifice antique que les moines appellent la mosquée. Je crois qu'on peut, sans se tromper, le considérer comme la chapelle domestique de quelque palais. Ce couvent est bâti sur d'antiques fondemens qui s'étendent fort au dehors, & qui sont en partie découverts ; ce qui montre qu'il y eut autrefois en ce lieu un édifice considérable.

PLANCHE CCXXXIV.

Petit Temple antique dans le couvent de Saint-Nicolas.

La forme de cet édifice est un carré long ; sa principale entrée est du côté où je l'ai représentée ; le haut de la porte est en A ; il y avoit un perron de cinq à sept marches qui devoient occuper tout l'intervalle entre les pilastres avancés que l'on voit de chaque côté de cette face principale. Une portion du mur qui les porte avançoit de quelques pieds au dessous de leur base, & peut-être y avoit-il quelque colonne, statue, ou vase, ou sphinx, sur cette partie de mur qui terminoit & contenoit le perron ; ce qui n'auroit pas produit un mauvais effet. J'ai du plaisir à le croire, par l'aspect agréable que je m'en forme.

Rien ne m'indique comment se terminoit la corniche, il n'en reste aucun vestige.

Le caractère de cet édifice me fait soupçonner qu'il n'est pas d'une haute antiquité ; je le crois du temps où les Romains ont possédé la Sicile. Les pilastres qui décorent cette face principale ayant une base dorique, & un chapiteau qui n'est d'aucun ordre, & qui se profile en retour de chaque côté de ce pilastre, offrent une singularité qu'on peut mettre au nombre des licences ; la partie de la corniche qui les décore porte un caractère libre & des profils de fantaisie, que n'ont pas les ouvrages grecs. Il semble par-là, aussi bien que par le profil de la corniche qui couronne la porte, que cet édifice a été construit dans le moment de la transition du style grec au style que les Romains ont donné à l'architecture.

Les profils de ces chapiteaux & de la corniche du couronnement de la porte ne m'ont pas paru assez beaux pour les donner en grand.

J'ai soigneusement représenté ce qui subsiste encore dans cet édifice du stuc blanc dont on couvroit les maisons d'Agrigente à l'extérieur. B, sont les restes de ce stuc : c'est ce qui confirme ce que j'ai dit du stuc en parlant du temple de la Concorde.

Un hermite se logea d'abord dans cette chapelle, lorsque le christianisme vint fleurir dans la Sicile, & que les beaux arts l'abandonnèrent ; on y entroit alors par le côté opposé à celui que j'ai représenté, & auquel on avoit pratiqué une porte qui a l'air gothique. On fit de la première porte le lieu du sanctuaire, contenu dans la forme de tour ronde qui occupe presque tout l'espace entre les deux pilastres BC.

Cet hermite attira des fidèles, ensuite il lui vint des compagnons ; ils s'enrichirent d'aumônes ; ils bâtirent un couvent & une belle église ; les dévots abondoient alors en ce lieu ; depuis la petite chapelle a été désertée & ne servit plus à rien ; on lui devoit tout ; on finit par l'injurier & la traiter de mosquée. Le zèle a diminué, l'église est aujourd'hui fort peu fréquentée, & menace ruine de toutes parts ; les moines seront forcés de redevenir hermites.

Petit Temple antique

CHAPITRE QUARANTIEME.

Suite des Antiquités qui se trouvent encore dans le vaste champ qu'occupoit Agrigente. Idée de cette ville. Vases & tombeaux antiques conservés à Girgenti chez différens particuliers & dans l'Église cathédrale. Vases étrusques. Vases d'or de la bibliothèque du palais épiscopal. Bas-reliefs d'un sarcophage de marbre qui sert aujourd'hui de cuve pour les fonts baptismaux de la Cathédrale de cette ville.

EN quittant le couvent de Saint-Nicolas, avant de prendre la route qui conduit à Girgenti, je parcourus le vaste espace de terre labourée qui s'étend à droite, lorsqu'on regarde vers l'orient. Là, des cavités creusées dans le sol donnent entrée à des souterrains voûtés d'environ quinze pieds en carrés. Il y a deux de ces voûtes assez bien conservées: elles sont d'une belle exécution. Ces voûtes étoient sans doute les caves de quelque maison.

Ce champ est terminé à l'orient par une rue où subsistent encore beaucoup de pans de murailles doubles & fort épaisses. La forme du terrain semble indiquer celle d'un théâtre dont ces gros murs auroient fait partie. Diodore, qui a beaucoup parlé d'Agrigente, ne dit point, il est vrai, qu'elle ait eu un théâtre; mais son silence n'est pas une preuve que cette ville en ait manqué; il seroit même incroyable qu'elle n'en eût pas eu.

Il y a plus, c'est qu'un auteur ancien (Frontin) en parle dans ses Stratagêmes de la guerre. Il nous apprend qu'*Alcibiade* assiégeant Agrigente, & la trouvant trop forte pour l'emporter d'assaut, demanda aux habitans une conférence publique; que l'assemblée du peuple se tint au théâtre, selon l'usage des Grecs, & que dans le temps qu'Alcibiade occupoit tout le monde par ses discours, ses soldats s'emparèrent de la ville, dont les citoyens avoient abandonné les murailles, pour voir & pour entendre cet Athénien célèbre.

Il me paroît que l'église, le couvent de Saint-Nicolas & les maisons qui en dépendent, ont été bâtis avec les pierres de cet édifice & de quelques autres.

En suivant la route qui conduit de ce couvent de Saint-Nicolas à la ville moderne de Girgenti, on marche sur un chemin bordé à droite & à gauche de débris de toute espèce; on les a réunis en différens endroits pour figurer des murailles qui partagent les propriétés territoriales; on en a fait dans quelques endroits des simulacres d'édifices, en les entassant, & en posant les pierres à sec les unes sur les autres. Les ornemens les plus incohérens y sont mêlés sans ordre ni suite, dans une confusion telle, que les uns sont placés en travers, & les autres entièrement renversés.

Ces ornemens, dans cet état de confusion, soit ceux d'architecture ou de sculpture, soit les statues, quoique très-défigurées, soit les simples fragmens, conservent un caractère qui élève l'ame du spectateur, & qui lui donne des idées de sublime; ils rappellent fortement le souvenir des beaux siècles où ils ont été produits, & les édifices dont ils faisoient partie, & qui paroissent par ces restes avoir été admirables. Les belles mosaïques que l'on découvre sous ses pas à côté de ces débris, achèvent d'offrir à la pensée, comme aux yeux, un luxe d'architecture dont aucun édifice ne nous offre aujourd'hui de modèle.

Lorsqu'on réfléchit sur ce qu'étoit une ville qui nous présente encore tant de magnificence dans ses ruines, l'imagination s'enflamme, & rétablit idéalement cette cité superbe ; elle relève les débris des maisons, des palais, des temples, des théâtres, des cirques, des amphithéâtres, & elle décore ces monumens de statues, de colonnes, de bas-reliefs, de vases, tels qu'ils étoient autrefois. Elle fait plus, elle anime ces monumens, en se rappelant ces jours de luxe & de grandeur que Diodore de Sicile & plusieurs autres historiens se font plus à nous retracer; elle se rappelle avec transport que cette ville étoit habitée par un peuple ami des talens, de la gloire & sur-tout des plaisirs. Il semble que ses citoyens étoient tous animés par le dieu de la Guerre, des Arts ou du Commerce ; car c'est sur-tout à son commerce que cette ville a dû sa splendeur. Le goût du lucre n'enleva point à ses habitans le goût de la poésie, de la musique, de la peinture, de l'architecture, des véritables beaux arts, qu'ils cultivèrent avec enthousiasme.

Tous les talens semblent y avoir été honorés depuis l'art utile de l'agriculture jusqu'à l'art funeste de la guerre, depuis la science mensongère de la mythologie, qui fit élever des temples si magnifiques, jusqu'à la recherche sévère de la vérité pure, qui produisit des philosophes si renommés. D'immenses richesses, un luxe presque incroyable, une gloire éclatante, un souvenir que vingt siècles n'ont point éteint, furent la récompense des talens & de l'activité de ce peuple courageux & industrieux.

Mais à quoi dut-il sur-tout ses progrès? Diodore de Sicile nous en instruit : Agrigente étoit une des plus heureuses habitations du monde ; ses vignes hautes, élevées sur des arbres, selon la coutume de l'Italie, étoient à-la-fois un objet d'utilité & d'agrémens ; la plus grande partie de son territoire étoit plantée en oliviers. Les vins & les huiles, les raisins & les olives, se vendoient à Carthage, où, selon la remarque de cet auteur, il y avoit peu de plantations, ainsi que sur toute la côte de la Lybie. Voilà l'origine de sa grandeur. Elle avoit plus de vingt mille citoyens, & en comptant ceux qui ne l'étoient point, & que les anciens appeloient étrangers, elle avoit plus de deux cent mille habitans. Diodore ne compte point les esclaves, qui, chez les anciens n'étoient guère moins nombreux que les hommes libres ; ce qui feroit plus de quatre cent mille individus. Cette ville paroîtroit avoir été moins peuplée que Londres & que Paris, & cependant il semble par le récit de Diodore de Sicile que le luxe y étoit plus grand. On y élevoit, dit-il, les enfans dans une propreté qui tenoit de la mollesse ; leur vêtement étoit un tissu d'une finesse extraordinaire, & ce tissu étoit broché ou orné d'or ; leur toilette étoit composée de vases & de boîtes d'or & d'argent.

L'hospitalité y étoit en vogue : on y accueilloit les étrangers avec joie & avec empressement ; on leur prodiguoit tout ce dont ils avoient besoin. On cite entre autres Gélias qui avoit plusieurs esclaves dont la fonction étoit de rester aux portes de la ville, ou à celle de sa maison, pour inviter les étrangers à venir loger chez lui. Cinq cents cavaliers de la ville de Géla passèrent un jour d'hiver par Agrigente : Gélias les reçut chez lui, & à leur départ il fit présent à chacun d'eux d'une tunique & d'une robe. Polyclite, cité par Diodore, assure avoir vu dans les caves de Gélias trois cents tonnes, dont chacune contenoit cent urnes : ces tonnes étoient creusées dans la pierre ; elles étoient pleines de vin ; au dessus étoit un réservoir d'où l'on faisoit couler le vin pour remplir les tonnes. Il paroît que Gélias, quoiqu'il ait été ambassadeur ou député de sa ville à celle de Centorbi, devoit ses richesses à ses vignes & à un très-grand commerce de vin.

Antisthène étala un luxe prodigieux aux noces de sa fille : il donna des festins aux citoyens dans toutes les rues ; il les fit illuminer en faisant allumer des feux sur tous les autels élevés dans les places publiques, dans les carrefours, devant les grandes maisons & dans les temples. Sa fille

Vases Sarcofages et Elephan antiques.

Sarcofage en marbre.
Vases et Mascaron antiques.

alla de chez lui chez son mari, suivie de huit cents chariots qui portoient sa dot, & d'une multitude de cavaliers portant des flambeaux. Ce faste n'étoit pas commun. Diodore, Timée & Polycite n'ont cité ces faits que parce qu'ils étoient extraordinaires.

Il en résulte toujours que les Agrigentins étoient très-riches & très-heureux ; que leur manière de vivre étoit très-noble & très-fastueuse ; que les plaisirs y abondoient ; que les arts y fleurissoient ; que l'agriculture & le commerce étoient la source de leurs richesses & de leur félicité.

Parmi ces excès de luxe qui peignent les Agrigentins, on ne doit pas oublier cet Exænète qui, ayant remporté le prix de la course aux jeux olympiques, rentra dans Agrigente à son retour sur un char ; une si grande quantité d'autres le suivoient, qu'on en compta trois cents attelés chacun de deux chevaux blancs. Ces trois cents chars étoient Agrigentins ; ce qui suppose qu'il y en avoit plusieurs qui appartenoient à d'autres villes de la Sicile. Ce triomphe étoit une espèce de fête publique donnée par la ville à celui de ses citoyens qui la rendoit recommandable par sa victoire ; car les villes Grecques s'honoroient d'avoir donné naissance aux vainqueurs de ces jeux.

Les débris de cette ville sont aujourd'hui au milieu d'une riche campagne très-bien cultivée ; on la parcourt encore avec plaisir, comme un beau verger où tout annonce l'abondance.

On trouve à sa droite, sur la route de Girgenti, le couvent des Capucins. Dans son enclos, on voit beaucoup de souterrains & de grottes à tombeaux taillées dans la roche.

J'ai vu dans ce couvent un moine qui cultivoit la peinture, & qui faisoit des tableaux d'histoire. C'étoit un élève du religieux dont j'ai fait mention dans le septième chapitre de cet ouvrage, en parlant du couvent des Capucins de Palerme. Celui-ci étoit moins habile ; les devoirs que son ordre exigeoit ne lui avoient permis que d'acquérir un talent assez foible.

De ce couvent j'allai à Girgenti ; j'entrai par la porte du pont : près de cette porte, mais dans la ville, on trouve l'église d'un couvent de filles appelé le grand Monastère : j'y ai vu plusieurs sarcophages antiques, tous de marbre. Les sujets de sculpture qui les décorent sont si peu intéressans, & leur exécution si fort au dessous du médiocre, que je n'ai pas voulu les dessiner.

Arrivé au milieu de la ville, près de la place publique, j'ai vu dans le jardin de l'hôtel d'un riche particulier, un tombeau, que voici :

PLANCHE CCXXXV.

Sarcophage en marbre, fig. 1. *Vases antiques et autres Sarcophages en marbre*, fig. 2.

Ce vase antique A que j'ai vu, fut trouvé par un abbé de Girgenti dans un tombeau qu'il découvrit par hasard dans le jardin de sa maison de campagne. Ce vase est de plomb ; il contenoit encore des cendres ; l'humidité acide du sol l'avoit rongé & même percé dans plusieurs endroits. Il avoit perdu une grande partie des cendres qu'on y avoit déposées.

J'ai groupé dans cette estampe, avec ce vase, une aiguière de bronze B d'une assez belle forme. Elle est très-bien conservée, & j'y ai joint la burette C, la fiole D & la lampe E, toutes les trois en terre cuite. Ces vases m'ont été montrés par divers particuliers jaloux de contribuer à faire connoître les antiquités de leur ville. Les vases D & E sont de cette belle terre fine & légère dont on faisoit les vases étrusques.

Je les ai représentés ici pour faire connoître, sur-tout aux personnes qui s'occupent de fabriquer des vases, la diversité de ces sortes d'ouvrages chez les anciens. Je me suis appliqué à en mettre dans cet ouvrage à-peu-près de toutes les formes.

Tombeaux qui se voient dans la Cathédrale.

En entrant dans cette église par la porte principale, on voit à droite des tombeaux de marbre qui ont entre eux des différences essentielles. le tombeau (figure 1) est un sarcophage de marbre blanc d'une belle exécution; sa forme & ses ornemens sont de bon goût; ils nous offrent une particularité rare & curieuse. Ce sont des ornemens du genre de ceux qu'on appelle communément bâtons rompus, qu'on a tracés sur les bords du couvercle de ce tombeau, ainsi que des ornemens de rédecœur, qui sont sur la moulure supérieure du corps de ce tombeau. Ils ne sont pas sculptés, mais peints & adaptés à la moulure qu'elle enrichit. Ils imitent si parfaitement la sculpture, que d'abord j'y ai été trompé. Mais, en l'examinant, j'ai reconnu mon erreur, & j'ai admiré cet art de peindre sur la pierre. Cette peinture pénètre fort avant dans les pores du marbre. Cet art renouvelé de nos jours, a été donné par quelques modernes pour une nouvelle découverte. On peut croire, d'après ce sarcophage qui est au moins un ouvrage romain, que cette manière de peindre est fort ancienne, & que les Grecs & les Romains l'employoient ailleurs que dans les tombeaux.

Ce tombeau est simple & de belle forme; ses profils sont bien exécutés, & sont d'un relief très-bas. Pour en faire distinguer le couvercle, j'ai feint que le mort contenu dans ce tombeau ressuscite, & cherche à en sortir en se débarrassant de son linceul, qu'il jette dehors & que le vent agite. J'ai placé ce tombeau sur l'autre, afin de les groupper.

Celui de dessous F est aussi en marbre. Il est posé sur l'éléphant qui le porte. Il est placé dans le coin de l'église. Le médaillon qui le décore offre l'idée d'une femme, qui vraisemblablement a été déposée dans ce sarcophage.

Les bas-reliefs placés en face & de côté, sont des allégories qui sans doute furent intéressantes pour la famille & les contemporains; mais nous ne savons pas au juste quelle étoit l'idée du sculpteur, en mettant autour du médaillon que l'on voit au milieu de ce monument, des enfans ailés portant des corbeilles de fruits & de fleurs. Je présume qu'ils sont le symbole des quatre saisons. Les figures qui sont au dessous de ce médaillon forment-elles un tableau de fantaisie, ou sont-elles un sujet allégorique? Ces figures sont à table sous un arbre dont une femme agite les branches avec un bâton pour en faire tomber les fruits. Elle a auprès d'elle une corbeille pour les recevoir. Un vase est auprès de son siège, pour contenir peut-être la liqueur exprimée de ces fruits. Un homme assis & appuyé sur la table, paroît ordonner ce travail. Est-ce un maître qui commande? Que font ces figures placées entre les jambes des enfans les plus éloignés dans ce médaillon? Que signifient celles qui sont assises à terre, sur-tout celle qui est à la gauche de cette estampe, & près de laquelle est un vase au dessous d'un arbre? car c'est un arbre quoique mutilé, qui termine le tableau de ce côté. Cet ensemble désigne bien une scène de la campagne, & les usages de ce temps-là qu'il faudroit connoître. La femme qu'on voit dans ce médaillon représente une femme qui n'a aucun caractère particulier.

A l'extrémité de ce tombeau, on a mis un lion qui terrasse un cheval: c'est encore une allégorie. On la retrouve souvent sur les tombeaux antiques. J'entreprendrai d'autant moins de l'expliquer, que les hommes les plus savans ne s'accordent pas à ce sujet.

L'éléphant qui porte ce tombeau n'a aucun rapport avec lui; on ne sait d'où il vient, ni pourquoi on l'a placé dessous. Sa grandeur est proportionnée à celle du tombeau, qui est à-peu-près de six pieds & quelques pouces.

Vases antiques en terre cuite

DE SICILE, DE LIPARI, ET DE MALTE.

Tombeau en marbre, figure 2.

Ce sarcophage est en marbre & d'une belle exécution ; il est orné de cannelures, dont la forme indique bien que c'est un ouvrage Romain. Le médaillon qui le décore nous offre l'idée d'un mari & d'une femme ensévelis ensemble.

Au dessous de ce médaillon, sont deux masques allégoriques aux figures représentées dans ce médaillon. Il est vraisemblable que les chasseurs qui sont de chaque côté de la face de ce sarcophage sont aussi des figures allégoriques.

A, est un mascaron en terre cuite. B, C, D, sont des vases antiques de terre cuite; ils étoient dans le même jardin où j'ai vu ce monument.

J'ai visité ensuite la bibliothèque du palais épiscopal de cette ville : j'y ai trouvé des vases que l'on y conserve avec soin, un entre autres de l'espèce de ceux qu'on appelle étrusques. Ils ne sont point en effet originaires d'Etrurie : ce sont les Grecs qui les ont inventés. L'erreur vient de ce qu'au temps où les arts se sont renouvelés, les Florentins ont fait connoître ces vases à L'Europe, & les ont donnés comme une invention des anciens de leur pays; mais on n'y trouve aucun caractère qui ne soit grec ou romain, qui n'appartienne à quelque contrée ou à quelque époque de la Grèce, & tous les sujets d'histoire ou de la mythologie représentés sur ces vases appartiennent aussi à l'histoire ou aux fables des Grecs.

PLANCHE CCXXXVI.

Vase de terre cuite embelli d'ornemens et de figures coloriées.

Les Romains ont appris des Grecs à choisir la matière dont on formoit ces vases appelés étrusques; c'est d'eux qu'ils ont appris à les travailler, à leur donner les ornemens, les figures, les couleurs qui leur sont propres. Mais à la fin, les Romains en ont changé le caractère, & les ont travaillés dans un goût qui leur étoit particulier, & dans un style qui les distingue absolument de ceux fabriqués par les Grecs.

Celui que je présente ici est un beau vase grec ; sa hauteur totale est de dix-neuf pouces; sa largeur extérieure d'un bord à l'autre est de quinze pouces, & le vide a onze pouces de diamètre à son entrée ; les anses ont deux pouces de saillie. Ce vase n'est ni cassé ni fêlé, mais les figures en sont gâtées en plusieurs endroits. Le baron de Reidsel a exagéré la beauté de ce vase dans son Voyage en Sicile & dans la grande Grèce.

Je n'entreprends point d'expliquer le sujet représenté sur ce vase, on peut l'appliquer à trop d'objets.

De tous les vases étrusques, les plus parfaits sont ceux qui ont été fabriqués par les Grecs, soit par la beauté de leur forme, soit par l'importance de leurs sujets, & l'art avec lequel ils ont été traités.

Les ornemens en sont coloriés. Leur couleur consiste en deux teintes, dont l'une qui fait le fond, est ou brune, ou d'un brun noir, ou d'un châtain foncé. Les figures sont d'une couleur de chamois clair, tirant quelquefois sur le rouge. On n'y voit d'autres détails que le trait qui désigne les contours des figures, & les masses de draperies dont elles sont enveloppées ou couvertes, telles qu'on les voit dans cette estampe, où j'ai eu soin de représenter en grand les figures qui décorent ce vase à chaque face entre les anses, afin de les bien faire connoître. Il n'y a point d'ombres qui déterminent d'une manière particulière les formes des draperies ou des parties de ces figures. Les objets représentés sur ces vases sont exécutés ordinairement avec une grande franchise & une grande

TOME IV.

finesse, & elles offrent de belles proportions. J'ai représenté ce vase renversé B, pour en faire voir les anses.

On a trouvé près du fleuve Agragas, en 1782, depuis mon départ, un très-beau vase étrusque. Selon la description qu'on m'en a envoyé, sa forme est celle d'une cloche; son diamètre est de dix-neuf pouces; sa hauteur ainsi que les figures qui le décorent, représentent, à ce qu'on croit, le mariage de Pluton & de Proserpine; on y remarque Cérès & la nymphe Aréthuse; on y voit aussi deux génies & des instrumens de musique. On me mande qu'il est d'une excellente exécution.

PLANCHE CCXXXVII.

Vases de terre cuite et de bronze, figure 1. Vases d'or, figure 2.

Parmi les vases de cette bibliothèque, dont plusieurs ressemblent à ceux que j'ai déjà offerts dans cet ouvrage, & dont beaucoup d'autres ne sont pas intéressans, j'ai choisi pour être représentés ici, les vases A, B, C. Ils sont du genre étrusque. Je pense qu'ils ont été fabriqués en Sicile par des artistes Romains. D, est un vase de terre jaune ordinaire, aussi bien que le vase de bronze E.

Vase d'or de la bibliothèque épiscopale de Girgenti.

Les figures F, G, H représentent le même vase. L, est une soucoupe en or. Elle est représentée par dessous en F. En G, on la voit en dedans. Le cercle I est une cavité dans laquelle on visoit quelque chose qui s'élevoit perpendiculairement au milieu de ce vase. La figure H est le même vase de profil, afin qu'on en voie la profondeur. Il est orné de six bœufs en relief par dedans & en creux par dehors. Ces figures sont d'un mauvais travail, & qui ressemble au caractère des ouvrages Égyptiens. Ce vase a cinq pouces quatre lignes de diamètre.

Les figures M N représentent un autre vase aussi en or. Il a quatre pouces de grandeur sur dix-huit lignes de hauteur. N se présente de profil. M se fait voir en dessus : il est sans ornemens.

En 1769, il y avoit dans cette bibliothèque quatre vases d'or antiques, dont deux étoient semblables à ceux dont nous venons de parler. Le baron de Reidsel parle de ces quatre vases dans son ouvrage de la Sicile & de la grande Grèce, page 55. Il n'y reste plus actuellement que les deux vases que j'ai représentés ci-dessus. On m'a dit chez l'évêque qu'un chanoine, légataire universel de l'évêque Luchesi, en avoit disposé en faveur d'un Anglois, comme si ces sortes d'objets eussent appartenu à l'évêque, & ne fussent pas des dépôts appartenans à la nation & non pas à leur gardien.

Ces vases d'or furent trouvés au fond d'un tombeau, dans un village antique qu'on appelle aujourd'hui Saint-Angelo, village situé à dix milles de Girgenti.

On conserve dans cette même bibliothèque une collection d'environ douze cents médailles. On y admire une suite très-belle d'empereurs Romains; on y voit plusieurs impératrices, & des médailles consulaires très-rares en bronze. Les médailles des anciennes villes de Sicile sont en argent. Les médailles puniques sont en or.

Cette bibliothèque est un grand vaisseau bien décoré de tableaux & de colonnes d'ordre Corinthien d'une belle proportion; il est revêtu de bois de chêne d'un beau travail. Les livres sont placés dans l'intervalle des colonnes, & recouverts d'un beau grillage en fil de laiton.

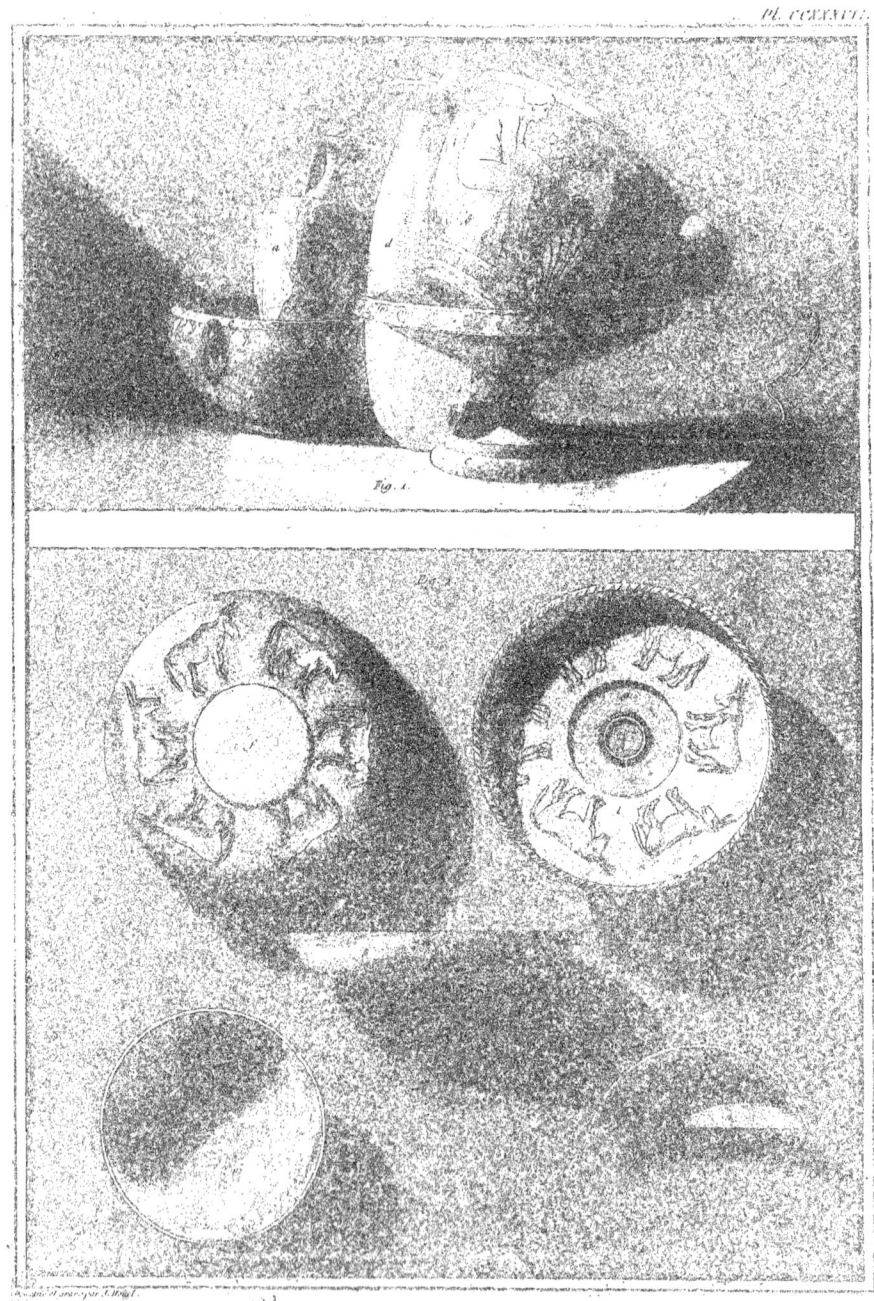

Vases en bronze et en terre cuite Fig. 1.
Et Vase d'or Fig. 2.

Bas-relief qui décore la face principale d'un Sarcophage en marbre,
qui est dans la Cathédrale de Tarente,
représentant Hippolite recevant d'hannou une lettre de la part de Phèdre au moment du départ pour la chasse.

PLANCHE CCXXXVIII.

Bas-relief qui décore la principale face du grand Sarcophage de marbre qui est dans l'Eglise Cathédrale de Girgenti.

Le sarcophage de marbre dont je donne ici les quatre bas-reliefs, a été trouvé dans les environs de cette ville, selon le père Pancrace, près du mont Tauro, sur la route de Girgenti à la mer. Il croit qu'il est celui dans lequel fut enseveli Phalaris, tyran d'Agrigente.

Il a été déposé dans la cathédrale de Girgenti à gauche entre les colonnes qui forment la nef de cette église. Là, il est élevé au dessus d'une balustrade qui empêche qu'on n'en approche de trop près ; mais on le voit très-bien : c'est de là que je l'ai dessiné.

On emploie aujourd'hui ce tombeau comme un grand vase ; on y tient en réserve une provision d'eau pour les baptêmes. On l'a surchargé d'ornemens de bois dorés qui le surmontent, & forment sur toute la longueur une espèce d'armoire, où l'on dépose tous les ustenciles nécessaires au baptême. Ces ornemens sont tellement disposés qu'ils laissent voir très-aisément les quatre faces de ce tombeau. Il a sept pieds de long, trois pieds deux pouces de haut, & trois pieds six pouces & demi de large.

Les bas-reliefs qui le décorent représentent l'histoire ou la fable d'Hyppolite & de Phèdre jusqu'à la mort de ce héros. La principale face représente l'instant où Œnone apporte à Hyppolite des tablettes ou un billet de la part de Phèdre. *Voyez* dans l'estampe la principale figure au milieu de ce tableau : Œnone est dans l'attitude d'une suppliante ; elle semble attendre la réponse que ce jeune homme ne paroît pas disposé à faire d'une manière favorable, si l'on en juge par l'air d'indifférence avec lequel il regarde les tablettes qu'il tient de la main gauche.

Ses compagnons sont en armes autour de lui ; ils tiennent des chevaux, & semblent prêts à partir pour la chasse.

PLANCHE CCXXXIX.

Seconde face du Sarcophage ci-dessus énoncé. Elle représente Phèdre dans l'état d'accablement où l'a plongée le refus d'Hyppolite.

Nous connoissons l'histoire de Phèdre & d'Hyppolite par la tragédie d'Euripide, tragédie imitée chez les Romains par Sénèque, imitée depuis, je crois, sur tous les théâtres de l'Europe, & embellie par Racine, qui perfectionna tout ce qu'il prit chez les anciens, & qui y joignit des beautés de sentiment qui n'appartiennent qu'à lui.

L'auteur de ce sarcophage a tout puisé chez le poète Grec : dans cette seconde face, il a présenté Phèdre prête à s'évanouir au milieu de ses femmes, qui cherchent à dissiper sa douleur par leurs chants & par le son de leurs instrumens.

L'Amour caché parmi elles, vient de lancer à Phèdre un trait dont elle est mortellement frappée ; Œnone la soutient, mais en vain ; on voit qu'Hyppolite absorbe toutes ses pensées.

Les ornemens qui encadrent les deux principaux bas-reliefs de ce sarcophage sont d'une grande richesse & de très-bon goût ; ils semblent indiquer que la scène se passe dans un palais, & d'autres ornemens que l'on aperçoit au fond du bas-relief derrière les têtes des figures, semblent indiquer ou une tapisserie ou de la sculpture propre à un appartement. Les bas-reliefs qui représentent Hyppolite chassant, & renversé de son char, n'ont aucun ornement, comme pour désigner que ces scènes se passèrent dans des lieux sauvages.

PLANCHE CCXL.

Face postérieure du Sarcophage. Chasse d'Hyppolite.

Hyppolite y est représenté à cheval, poursuivant un sanglier; il est environné de chiens; il tient son javelot levé, prêt à le percer. Ses compagnons, armés de massues, de pierres, de lances, de glaives, attaquent aussi ce sanglier, que les chiens veulent déchirer. Ce morceau n'est pas fini : ce n'est qu'une ébauche. L'auteur, ou n'a pas jugé à propos de le finir autant que le premier & le second, ou en a été empêché par quelque événement.

Quatrième face.

Le quatrième & dernier tableau de la funeste histoire de ce héros est ici représenté dans la seconde figure de l'estampe précédente.

Hyppolite paroît renversé de son char, par la frayeur que cause à ses chevaux le monstre marin envoyé par Neptune pour punir ce prince du crime de sa belle-mère, dont il n'étoit pas complice. Il faut de beaux vers & bien de l'art dans un poète pour faire passer de semblables sujets.

Ce sarcophage étoit trop connu & trop important pour que je ne le dessinasse pas : je lui ai rendu justice, mais je ne puis pas être de l'avis du baron de Riedsel, ni de Bridone, dans leur Voyage de Sicile & de la grande Grèce. Ils vantent ce sarcophage comme un chef-d'œuvre très-rare. Pour moi, qui l'ai beaucoup examiné, je ne puis le considérer que comme un ouvrage où il y a de grands défauts, où il règne un ton de timidité qui a fait faire à l'auteur de grandes gaucheries, & qui lui a donné un air maniéré qui est peu agréable. Je n'y ai vu aucune de ces expressions originales, aucune de ces formes qui donnent aux figures un grand caractère, & qui indiquent l'inventeur de cette composition. La première & la seconde face sont assez finies; celle de derrière n'est qu'une ébauche, & la quatrième n'est que dégrossie. On y trouve des fautes monstrueuses qui m'ont paru déceler une ignorance imitative; des yeux exercés ne peuvent s'y méprendre. Il y a cependant quelques parties dans les têtes des chevaux qui sont achevées avec beaucoup de finesse. Il faut convenir aussi que si cet ouvrage est une imitation, l'original devoit être d'une grande beauté.

Port de Girgenti.

La ville de Girgenti est voisine d'un port qui fut jadis celui de la célèbre Agrigente. Il est à quatre milles de Girgenti. C'est un de ceux qu'on appelle en Sicile *caricatore*, où l'on embarque toutes sortes de denrées; celui-ci est même le plus considérable de toute la Sicile. On y tient des magasins très-bien fournis. Ce port est bon & sûr; on n'y craint point les mauvais temps; on y est à l'abri des coups de vents. Les vaisseaux étrangers y viennent de toutes les contrées de l'Europe; ils y chargent des blés, de l'orge, des fèves, des amandes, des pistaches, du soufre, de la soude, du millet, &c.

Le blé se conserve dans des fosses, ou des grottes creusées dans la roche qui environne ce port.

Cette

Hypolite à la Chasse du Sanglier.

DE SICILE, DE MALTE ET DE LIPARI.

Cette roche est tendre & se coupe aisément. Le grain s'y garde pendant plusieurs années sans se gâter. En 1776, des ouvriers, en tirant des pierres de cette roche, parvinrent à une grotte fermée depuis plus de vingt-deux ans que son propriétaire étoit mort : ils la trouvèrent remplie de blé, & ce blé étoit excellent.

De ces grottes on transporte les grains dans les magasins ; là, exposé à l'air libre, il se gonfle en s'imprégnant d'humidité, & il produit davantage quand on le mesure.

Ces grottes peuvent contenir quatre-vingt mille salmes de blé ; l'exportation annuelle est de cent mille salmes. Une grande partie du grain se reçoit au port pour le compte du gouvernement. Il doit servir pour approvisionner l'île pendant trois ans ou au moins pendant deux. La même police s'observe dans tous les *caricatore*.

On paie au roi un petit droit par salme de blé, quand ce blé se vend aux étrangers ; & on ne lui paie rien, quand il se vend dans l'île.

Ce port, considéré comme *caricatore*, est administré par un *vice-portolano*, par ses officiers & ses douaniers : comme port de mer, par un lieutenant de vaisseau de la flotte royale ; il a le titre de capitaine de port : comme ville maritime, Girgenti est défendu par une forteresse armée de quatorze canons. Cette forteresse a un gouverneur & une garde de cent trente hommes. Un grand nombre de forçats, sous la conduite de deux ingénieurs, s'occupent sans cesse à nettoyer le port & à le tenir en bon état.

La fonction du capitaine de port, & celle du *vice-portolano*, est d'écrire chacun sur son registre toutes les marchandises qui s'embarquent pour l'étranger, de spécifier leur quantité & qualité, de dire pour le compte de qui, quel est le vaisseau, & le capitaine qui le commande, & le lieu où elles vont. Ces registres doivent se contrôler réciproquement, & ils servent quelquefois à décider des procès, lorsqu'il s'en élève quelques-uns entre des marchands pour la quantité, la qualité, ou le prix des marchandises.

Le capitaine de port est encore obligé, par sa place, de secourir tous les vaisseaux qui arrivent en mauvais état. Les bâtimens n'entrent dans le port qu'avec sa permission ; il leur assigne la place qu'ils y doivent occuper ; il connoît de toutes les disputes qui s'élèvent entre les capitaines de vaisseaux ; il est leur juge ; il punit les coupables ; aucun d'eux ne peut partir sans sa permission ; c'est lui qui met la dernière main à la patente qui constate la charge du bâtiment, son départ, sa destination, ses passagers & son équipage.

Quand il s'agit de charger quelque bâtiment en blé ou en orge, il vient de la ville de Girgenti, qui est à une forte lieue de ce port, quatre à cinq cents hommes, pour porter les sacs de blé depuis les magasins jusqu'à la mer, où ils les mettent dans des barques faites exprès. Ces barques remplies voguent vers le vaisseau ; alors on place une grande toile, de manière qu'elle s'étend de l'intérieur du vaisseau jusque dans la barque, & on jette le blé à force de bras, avec de petites corbeilles, de la barque dans le navire. Opération longue & fort coûteuse par le temps & la quantité de monde qu'elle emploie.

Tout bâtiment qui vient charger quelque marchandise ou en décharger dans ce port, paie au roi des droits pour l'ancrage, pour le fanal, pour l'arrivée, pour le congé, pour le départ.

Il y a ordinairement dans ce port douze barques de pêcheurs, pour fournir du poisson à la ville ou dans ses environs.

Monnoies de Sicile.

MONNOIE D'OR.

On compte par pièce de deux onces, & par once dans toute la Sicile.

L'once vaut trente tarins; cette pièce d'or équivaut ordinairement à 13 livres, monnoie de France; cette valeur est susceptible de changer : elle varie de 12 livres 10 sous à 13 livres 10 sous, selon le manque ou l'abondance des lettres-de-change.

MONNOIE D'ARGENT.

Un écu vaut douze tarins; le ducat vaut dix tarins; le tarin vaut vingt grains; le tarin est de la même valeur que le cartin de Naples.

Le tarin vaut 8 sous 8 den. monnoie de France, sur le taux de 13 livres l'once.

Le ducat est une monnoie idéale, comme la pistole en France.

MONNOIE DE CUIVRE.

Le tarin vaut vingt grains, & le grain se divise en six piccioli.

Le grain vaut un peu plus de cinq deniers de France, & le piccioli vaut un peu moins d'un denier de France.

Les livres de commerce emploient pour leur compte les onces, les tarins & les grains.

En Sicile on fait usage de deux sortes de poids : l'un s'appelle *alla grossa*, & l'autre *alla minuta*; le quintal est de cent rotoli; le rotolo est de deux livres & demie, & la livre est de douze onces, & l'once de trente trapesi.

Le quintal alla grossa est de cent dix rotoli; le rotolo alla grossa est de trente onces; le quintal alla grossa équivaut deux cent quinze livres de seize onces de France, & le quintal alla minuta équivaut à cent soixante-huit livres de seize onces.

La mesure dont on mesure le blé se nomme salme; elle se divise en seize tomali, & le tomali en quatre monditi; cette salme de blé pèse ordinairement deux quintaux & soixante-quatre rotoli alla minuta : elle est comparable à un peu plus de cinq setiers de Paris.

La mesure alla grossa sert à mesurer les orges & les légumes; elle se divise en vingt tomali, & le tomalo, en cinq monditi : elle équivaut à six setiers de Paris.

Le salme se divise aussi en vingt-quatre lancedde, & une lancedda en sept quartucci; soixante-douze lancedde font une botte, qui se divise par six carichi de douze lancedde à chaque carico.

La terre se mesure aussi par salme, & la salme se divise en tomali, monelli & quartucci.

Mesure d'étoffes.

On mesure à Palerme les toiles & les étoffes, draperies, &c. à la canne de huit palmes. Quatre palmes & demie & quelques lignes font l'aune de Paris.

La palme de Girgenti a, selon le pied-de-roi de France, neuf pouces sept lignes de long; celui de Naples a neuf pouces neuf lignes.

Mesures des huiles.

L'on mesure les huiles par caffis; cinq caffis font la millirolle de Marseille; le caffis pèse dix-neuf livres.

Le vin se mesure par salme; une salme contient dix-huit quartauts; un quartaut contient douze tucci.

CHAPITRE QUARANTE-UNIEME.

Mœurs de Girgenti. Voyages aux environs de Girgenti, à Naro, à Racalmuto, aux Grottes, à Aragona. Description des Macalubbés. Retour à Girgenti. Départ pour Monte-aperto & Rafadale. Retour à Girgenti. Voyage à Catolica, à Héraclée, à l'antique Ancira, à Sicoliana. Retour à Girgenti. Description d'un Centimolo, ou Moulin à blé domestique de Girgenti, & de celui de Licata. Vue de l'entrée unique de l'antique forteresse de Cocale. Carte générale de la Sicile dans son état actuel. Observation sur l'état où les villes modernes ont été avant d'être ce qu'elles sont aujourd'hui; sur celui des villes qui les ont précédées, & sur toutes les Nations qui ont résidé en Sicile depuis qu'elle a été habitable. Origine de cette Isle, & ses révolutions jusqu'à ce jour.

Mœurs de Girgenti.

J'AI parlé dans cet ouvrage plus d'une fois des mœurs de la Sicile; je me suis fait un devoir de rapporter tout ce qui pouvoit faire connoître le caractère de cette nation jadis si célèbre. Mais ce fut sur-tout en me trouvant auprès des débris d'une ville aussi riche, aussi fastueuse, aussi renommée que l'étoit Agrigente, que je ne pus m'empêcher de comparer les mœurs & les usages antiques avec les modernes, afin que mon ouvrage fût un dépôt des vicissitudes humaines.

Tout respiroit à Agrigente, & tout respire encore, jusque dans ses débris, la grandeur & la magnificence; tout représente aujourd'hui dans Girgenti la simplicité, non celle du bon goût, qui rejette les ornemens superflus, mais celle de la nécessité qui se passe d'ornemens, parce qu'elle n'a rien pour se parer. Je me suis trouvé dans cette ville, occupé de mes travaux, justement à l'époque du carnaval, temps de joie & de faste dans toute la chrétienté. Je fréquentois une des maisons les plus considérables; c'étoit celle d'un gentilhomme du pays, famille infiniment respectable. On y donna un bal où je fus invité : au lieu des plafonds dorés, des belles mosaïques des Grecs Agrigentins, le plafond de la salle étoit décoré par les chevrons de bois du toit de la maison, telle que l'étoit le salon de Philémon & de Baucis avant l'arrivée de Jupiter. Au lieu des anciennes peintures à fresque, & des sculptures dont les Grecs Agrigentins décoroient leurs murs revêtus de stuc ou de marbre, on voyoit ici les longues crevasses & les taches que l'humidité dessine sur les murailles nues. Au lieu de ces lampes dorées qui brûloient sur des candélabres des huiles aromatiques, deux petites chandelles très-minces & deux petites lampes mesquines enfumoient cette salle. On étoit au rez-de-chaussée, & je ne pouvois m'empêcher de me croire dans un grenier.

Les plus honnêtes gens, c'est-à-dire, les plus nobles & les plus riches du pays, y dansoient avec toute la parure qu'ils avoient pu déployer.

Les gens qu'on appelle du peuple, parce qu'ils sont moins riches, y étoient admis, & quelques-uns dansoient avec les bourgeois & avec la noblesse. C'étoit un tableau de l'ancienne simplicité & de l'égalité primitive. L'extrême richesse confond quelquefois ailleurs le simple bourgeois avec les grands; ici la nullité de l'opulence rapprochoit le gentilhomme des gens du peuple. Leur danse analogue à leur costume eût passé ailleurs pour grossière; là elle n'étoit que dénuée d'art. Tous dans leur simplicité se trouvoient heureux, la joie régnoit par-tout, que leur falloit-il de plus?

Quelques jours après, le corps municipal donna un bal aux chevaliers, aux nobles, à toute la ville: la même simplicité y présidoit. Ce n'étoit pas, il est vrai, par des chandelles qu'on éclairoit la salle: on avoit placé contre les murs des plaques de fer-blanc à bobèche, où l'on avoit planté de petits cierges bien minces; quelques planches portées sur des bâtons formoient un échafaud à découvert, semblable à ceux que les maçons construisent pour bâtir; les musiciens étoient sur ces planches. Le petit peuple se mêla aussi dans cette assemblée à la noblesse de la ville. Ces mœurs ne sont pas celles de l'ancienne Agrigente: le luxe, les arts, les richesses ont disparu, mais les jeux, la danse, les ris, l'amour y sont restés, ils n'ont changé que de forme.

L'éducation est par-tout très-négligée dans les petites villes; je fus surpris de voir à quel point elle l'est à Girgenti. J'allois souvent chez le baron de ***; tous ceux qui s'y trouvoient étoient gens titrés. Un jour il s'éleva une dispute sur l'ortographe d'un mot italien, quoique de toutes les langues, l'italien soit celle dont l'ortographe est la plus facile, la moins sujette à contestation, la plus rapprochée de la prononciation: on chercha un livre; on choisit pour juge deux jeunes demoiselles que la fraicheur du jeune âge & la beauté des traits sembloient indiquer pour décider de tout entre les hommes: elles nous dirent, avec un grand air de satisfaction & d'applaudissement, qu'elles ne savoient point lire. Jugez de notre étonnement! Nous en demandâmes la raison: la mère, qui n'étoit pas plus instruite, nous dit que ce seroit exposer de jeunes filles que de leur apprendre un art qui les feroit communiquer avec les hommes: comme si tous les objets ne devenoient pas des figures, de véritables lettres entre les amans! Un chanoine qui dirigeoit cette maison arriva; on appela de cet usage à ses lumières: il dit que les femmes se perdroient par la lecture des mauvais livres; qu'il suffisoit qu'elles sussent réciter leur prière à l'aide d'un chapelet. Tout le monde me parut de l'avis du chanoine.

Si cette détestable éducation, si cette ignorance profonde amenoit des vertus à sa suite, on pourroit lui applaudir; mais voici ce que j'ai vu dans cette même ville. J'allois fréquemment dans une des meilleures maisons; j'y mangeois souvent: jamais la mère de famille ne se plaçoit à table; son mari & ses quatre enfans, dont l'un étoit prêtre, ne lui permettoient de s'y mettre qu'une fois l'an. Je fus long-temps étonné de l'absence de cette mère: j'appris que ce mépris des femmes âgées, des mères mêmes, est assez commun dans ce pays, où l'on n'a d'égard que pour les jeunes. Je ne pus me contenir; je leur demandai quel compte ils faisoient du quatrième commandement du décalogue, qui ordonne d'honorer son père & sa mère; je reprochai durement au prêtre qu'il alloit baisant toutes les châsses, s'agenouillant devant tous les saints, & qu'il violoit le plus sacré des commandemens de Dieu, tandis que nous autres François, qu'il traitoit d'impies, d'hérétiques, d'incrédules, nous avions pour nos mères le plus saint respect & le plus tendre attachement, nous obéissions avec joie au commandement le plus doux que Dieu eût pu donner à nos cœurs. Ma brusque sortie fut entendue de la mère, qui en demanda la cause, qui se la fit expliquer : elle versa des larmes ; elle me bénit, mais son mari ni ses fils ne se corrigèrent. Le premier continua toujours à lui prodiguer des paroles injurieuses ; les autres, entraînés par le mauvais exemple & par l'habitude, les écoutoient sans répugnance, & ne la ménageoient pas davantage. Dans les pays méridionaux, les femmes, faute d'éducation, acquièrent trop peu d'importance : il est d'autres pays où quelquefois elles en ont trop ; ce n'est pas parce qu'elles ont reçu une éducation plus soignée, mais parce qu'elles en ont reçu une qui tend plus à développer les talens que les vertus de leur sexe.

En général le caractère des Siciliens est d'être curieux : lorsque leur indiscrétion en ce genre leur attire quelques reproches, ils se justifient en disant que la curiosité mène aux sciences. Si cela est vrai, ils devroient être les plus savans des hommes, & ils sont bien loin d'être même médiocrement instruits. Leur curiosité ne les porte qu'à connoître les actions des gens qu'ils voient, & non les secrets de la nature. N'importe, satisfaits de cette excuse, ils se permettent des questions, des examens, des recherches, que leur interdiroient les moindres notions des bienséances, & même celles de la décence, si on leur donnoit une éducation fondée sur de meilleurs principes. Quelquefois, plus pour me débarrasser de leur importunité, que dans le vain espoir de les corriger, je leur ménageois de petites surprises qui les couvroient de confusion : pour se garantir de la honte, ils se mettoient à rire, comme d'une plaisanterie. Leur esprit ne manque pourtant pas d'énergie ; ils n'en auroient pas moins que leurs ancêtres, si dès l'enfance on ne les plioit pas au joug des préjugés, & si on ne les accoutumoit pas à penser faux par tous les principes d'une fausse logique, qui met toujours en fait ce qui est en question, qui corrompt en quelque sorte jusqu'à l'air qu'ils respirent, & qui les naturalisent pour ainsi dire enfans de l'erreur.

Cependant j'ai admiré chez eux bien des vertus ; ils ont en général le cœur excellent. En mon particulier, je n'ai qu'à m'en louer. Leurs défauts ne viennent que de la manière dont on les élève, & ne tiennent nullement aux qualités que leur donne la nature. J'ai admiré beaucoup de bonnes actions en Sicile, & notamment à Girgenti, où j'ai logé chez dom Honorato Gubernatis, où j'ai été très-bien accueilli par son fils dom Antonio, juge civil de cette ville : j'ai beaucoup à me louer de leur cordialité, & c'est avec bien du plaisir que je leur rends cet hommage de ma reconnoissance.

Parmi une multitude de traits de bienfaisance publique & particulière dont j'ai été témoin, & qui répondent encore à cet amour de l'hospitalité & à cette générosité qu'on admiroit dans l'ancienne Agrigente, je fus frappé de la charité active & persévérante de M. Brunone, oncle de M. Pressi, avocat de Girgenti.

C'étoit un bon vieillard d'un âge très-avancé ; il ne pouvoit plus marcher, mais il se faisoit porter sur un âne que conduisoit une domestique : il alloit ainsi par toute la ville, quêtant des aumônes de tout genre, pain, vin, viande, argent, &c. Sa récolte faite, il y joignoit ce qu'il pouvoit de ses propres deniers, & il alloit porter le tout aux pauvres. Il faisoit cette quête plusieurs fois l'année, à toutes les époques qui pouvoient éveiller la charité des fidèles. C'étoit sur-tout aux prisonniers qu'il se plaisoit à distribuer ces dons.

Je l'ai vu bien des fois dans ces jours de triomphe, sur-tout au temps de Pâques, monté sur son âne, chamarré de branches d'arbres, accompagné de son fidèle guide, & suivi par sept ou huit hommes, dont deux portoient sur leurs épaules une énorme chaudière suspendue entre eux sur un bâton, & remplie de viande cuite ; d'autres portoient de la soupe ; d'autres un petit baril de vin : d'autres avoient sur leurs têtes des corbeilles de pain, de vin, de légumes, enfin de tout ce qui pouvoit sustenter ces infortunés. Ce généreux septuagénaire parcouroit dans cet ordre les grandes rues, attiroit à-la-fois les bienfaits, l'admiration, la reconnoissance, & des larmes de satisfaction, que répandoient sur lui tous les cœurs bien nés, en le comblant de bénédictions.

Voyages aux environs de Girgenti.

Je partis pour visiter la ville de Naro : elle est située à quatre milles à l'orient de Girgenti. On passe par la Favara pour s'y rendre. Toute cette route se fait sur le penchant de montagnes énormes, où l'on ne rencontre que de très-mauvais chemins.

La ville de Naro contient environ treize à quatorze mille ames. Elle est située sur le sommet d'une des hautes montagnes de la Sicile ; son exposition est au midi. J'ai reconnu que l'emplacement qu'elle occupe a été celui d'une ville antique ; on en a la preuve par la quantité de grottes à tombeaux qui l'entourent, & par la quantité de grottes à l'usage des vivans qu'on y voit, & où des hommes ont habité à des époques très-éloignées de nos jours.

Si l'on en croit Cluvier, ce lieu n'étoit qu'un château antique, fondé dans le territoire d'Agrigente par une colonie de Géla. Ducesius, roi des Sicules, s'en empara, mais les Agrigentins le reprirent.

On ignore, dit le père Massa, l'époque de sa fondation, aussi bien que celle à laquelle ce château donna naissance à la ville de Naro. Ce qu'il y a d'avéré, c'est qu'il est fait mention de cette ville dans les historiens du troisième siècle de l'ère chrétienne ; ce qui dément l'opinion de ceux qui croient que Naro a été bâti par les Sarrasins, puisqu'ils ne sont venus en Sicile que dans le septième siècle.

Je ne trouvai rien d'assez curieux à Naro pour m'y arrêter, si ce n'est un beau sarcophage en marbre noir que je vis dans une église, & l'aspect de ses environs, sur-tout celui du midi, du côté de la mer, vers Palma. Les plus belles masses d'arbres ornent les montagnes, & se grouppant admirablement avec les rochers, elles offrent à toutes les heures du jour des tableaux magnifiques, dont le coloris varie sans cesse par les effets de la lumière & le mouvement des ombres. Il y a des points de vue très-étendus : il est très-agréable de comparer entre eux, du haut du sommet de la montagne, les différens points du vaste horizon qui s'étend tout autour de soi à une égale distance, & qui présente à la vue le cercle entier de l'hémisphère.

Racalmuto.

Je passai de là à Racalmuto, terre distante d'environ quatorze milles de Girgenti, habitation moderne, où sont de très-belles mines de soufre & de sel.

A deux milles & demi vers le nord, est une montagne presque isolée. Mon admiration égala ma surprise, en voyant réunis dans cette même montagne six genres de pierres toutes différentes entre elles.

Voici le fait. Au tiers environ de la hauteur totale de cette montagne, on voit une grande quantité de blocs de soufre, tous détachés les uns des autres, & dont les intervalles sont remplis des débris de la montagne ; on les voit s'avancer à l'extérieur. Il paroit que ces blocs sont des fragmens que quelque violent tremblement de terre aura détaché de la masse de soufre cachée au sein de cette même montagne. On en aperçoit une suite continue. On en tire journellement, en creusant des grottes & des cavités horizontales, inclinées & très-profondes, qui s'avancent fort loin dans cette montagne. Avec le secours de ces cavités, on suit les bonnes veines : il y en a plusieurs étages, & ces grottes sont quelquefois les unes sur les autres.

On remarque dans le rocher des fentes qui sont tapissées de cristallisations de soufre & de gypse par couches distinctes. La finesse de la cristallisation, la pureté & la richesse des couleurs, la différence des formes, les variétés de toute espèce, quoique émanées des mêmes principes, font un ensemble de la plus grande beauté.

La seconde merveille est une mine de sel placée perpendiculairement à quinze toises au dessous de celle de soufre. Le sel s'y montre très-près de la surface de la terre. Il est par masses détachées comme le soufre. Quand on pénètre à quelque pas dans cette mine, on y voit des anti-chambres, des chambres, des sallons, des corridors, qu'on a pratiqués dans ce rocher de sel, qui ressemble à un marbre blanc transparent. Il y a bien aussi des appartemens à plusieurs étages. J'y ai remarqué des veines brunes circulant sur le plafond de ces chambres, & se dessinant comme si elles étoient guillochées. Ce sel se réduit en poudre, & se vend dans des sacs : on en charge des ânes qui le portent dans les pays circonvoisins. On en donne un boisseau pour un sou.

On en porte aussi au rivage le plus proche ; on l'exporte pour le pays étranger ; on en fait un gros commerce.

Le sel dans cette mine est très-dur ; les hommes qui le travaillent emploient des outils bien acérés.

La troisième merveille qu'on remarque dans cette montagne, est du très-beau gypse cristallisé en grandes parties, & du plâtre joint au soufre & au sel, avec des portions de glaise & de très-belles & bonnes pierres calcaires propres à bâtir. Les anciens travailleurs de ces mines m'ont assuré qu'ils ont recueilli en différens temps du mercure tout épuré, dont les filons sont perdus aujourd'hui.

Ainsi cette montagne est une des plus curieuses qu'il y ait au monde ; elle contient du soufre, du sel, du gypse, du mercure, de la glaise & de la pierre calcaire : voilà bien six substances rassemblées, & toutes très-différentes l'une de l'autre.

La population de Racalmuto se monte environ à dix mille ames. Il est situé à mi-côte sur le penchant d'une montagne considérable : il est exposé au nord, ce qui est une exposition fort rare en Sicile pour une habitation.

J'étois recommandé au signor Grillo : il me fit les honneurs de la contrée ; il me conduisit dans quelques églises ; il m'y fit voir des tableaux composés par un peintre de ce pays : ce peintre a de la réputation dans toute la Sicile. Il étoit à peine au printemps de sa vie, lorsqu'il devint borgne. Cet accident le fit surnommer en Sicilien, *il Monocolo di Racalmuto*.

On doit ranger les tableaux de ce peintre parmi la classe des bons tableaux ordinaires, ou des tableaux de la seconde qualité, de ceux dont les beautés ne sont pas sublimes, & dont les défauts ne sont pas choquans. Ils sont d'une couleur solide qui tient du bon genre ; mais le dessin & l'effet en sont médiocres. Ce qui séduit en eux, c'est une grande franchise dans l'exécution, jointe à un grand air de vérité, ce qui est propre à lui faire beaucoup de partisans. Ce sont tous sujets d'histoire.

Les Grottes.

Je fus visiter les environs de Racalmuto, & particulièrement le pays qu'on appelle les Grottes, situé vers le nord-ouest. Ce pays a bien l'air de la plus haute antiquité : on y voit une immense quantité de grottes creusées dans la roche, les unes destinées à la sépulture des morts, les autres pour loger les vivans. C'est le lieu où fut, dit-on, une antique ville d'Herbesse : elle a eu de la célébrité dans son temps ; l'histoire en fait mention : elle dit que les Tindaritins furent soigneux de conserver la paix avec les Herbessins ; que dans la seconde guerre punique, Marcellus envoya le tiers de ses troupes assiéger Herbesse, & que ses troupes la prirent.

Aragona.

Je fus des grottes à la ville d'Aragona, ville nouvelle, à huit milles au nord de Girgenti, située sur la route de cette ville à Palerme, bâtie à mi-côte, sur le penchant d'une montagne en face de l'orient. Elle présente un très-bel aspect; elle a douze à treize cents habitans. Ce qui la rend le plus recommandable à l'extérieur, c'est un très-gros & très-ancien château, qui se fait remarquer de fort loin.

Je me présentai à dom Pietro, notaire de cette ville : il me fit voir le château, dont je fus très-content. Il est d'une architecture simple, & même très-simple, notamment celle de l'intérieur, dont la distribution est grande & bien entendue.

En visitant le premier étage, on me conduisit à une grande & belle galerie de tableaux, parmi lesquels j'en trouvai plusieurs de très-bons, soit en histoire, soit en paysage, ou en sujets de nature morte. J'y vis aussi des vases, des bas-reliefs en marbre, & beaucoup d'autres objets. Plusieurs cabinets contigus à cette galerie sont aussi remplis de tableaux, de statues & d'autres choses curieuses.

La beauté du lieu, celle de son exposition, la rareté d'un ensemble si bien entendu, me firent une grande impression; je demeurai enchanté. Lorsqu'on le voit sans être prévenu, on ne se croit pas en Sicile : c'est une justice qu'il faut lui rendre. Le plaisir que j'éprouvai en causa un bien vif au notaire qui me conduisoit. Il me fit voir le reste de la ville, mais rien ne pouvoit servir de suite ou de parallèle à cette galerie.

Ne me restant plus rien à voir après que j'eus visité le château, je partis d'Aragona, qui est une ville moderne, & je repris la route de Girgenti. En m'écartant, mais peu, de cette route, j'arrivai, après une heure de marche, dans un endroit qu'on appelle les Macalubbés : c'est un champ aride, au milieu d'une plaine, où l'on voit un phénomène curieux, & que je crois unique.

PLANCHE CCXLI.

Vue de l'endroit appelé les Macalubbés, entre Aragona et Girgenti.

Je vis au milieu de cette plaine un endroit dont le sol plus élevé paroissoit nouvellement remué, & ressembloit à un terrain profondément labouré. L'étendue en étoit circulaire; son diamètre pouvoit avoir quinze toises : bombé dans le milieu, il avoit une forme convexe assez régulière; le centre s'en élevoit de huit à dix pieds plus haut que les bords. Je remarquai avec surprise que de toutes les parties de ce terrain convexe il sortoit une multitude de petites sources, qui ne donnoient d'eau que ce qu'il en falloit pour réparer la perte qu'occasionnoit l'évaporation & celle que causoit le sol, qui en absorboit une partie.

Autour de cette enceinte, on voit jaillir beaucoup de sources semblables BB. Je les ai représentées dans cette estampe; elles occupent l'étendue de la terrasse AA., avec les figures que j'ai placées dans ce tableau.

L'eau de ces sources est trouble, & contient beaucoup de particules d'une certaine terre blanche qu'elle a délayée & qu'elle dépose. L'eau de ces sources BB se gonfle à-peu-près tous les quarts d'heure, & alors elle s'épanche & coule le long des petites monticules, & y dépose la terre blanche qu'elle contient, terre dont le dépôt accroît sans cesse ces monticules.

Cette eau est froide; elle a une légère odeur de soufre. En se gonflant, elle présente une ou plusieurs grosses bulles d'air en forme de cloches à sa surface. Ces bulles se crèvent après avoir duré une minute ou même davantage.

Le 30 de septembre 1777, une demi-heure après le lever du soleil, on entendit en ce lieu un long murmure souterrain, qui sembloit s'approcher, & qui augmentoit de momens en momens. Il devint si fort, qu'il surpassa à la fin le bruit du plus affreux tonnerre. La terre trembla dans ce lieu

Vue du lieu apellé les Maoulakhée
entre Benaout et Akqaoua.

DE SICILE, DE LIPARI, ET DE MALTE.

& dans tous les environs. Il s'ouvrit diverses crevasses d'où il sortit une épaisse fumée, & de la principale, il s'éleva une quantité prodigieuse d'eau & de boue, qui s'élancèrent en colonnes à la hauteur d'une quinzaine de toises, & entraînant avec elles des pierres & des morceaux de glaise & de terre, produisirent une masse qui, retombant sur elle-même, se répandit à-peu-près également dans l'étendue d'environ quinze toises, & donnèrent à tout ce terrain une forme bombée, dont le milieu est, comme je l'ai déja dit, de huit à dix pieds plus élevé que ne le sont les bords en tous sens.

Cette première éruption dura une demi-heure, & après un quart d'heure de tranquillité, il en revint une seconde, & trois autres lui succédèrent encore, toujours à égale distance : sous ce terrain soulevé, on entendoit un bruit assez semblable à celui que feroit une montagne en s'écroulant ; il se fit entendre jusqu'à plus de trois milles, comme pendant une tempête on entend les mugissemens des vagues de l'Océan à plusieurs lieues dans les terres. Les gens qui travailloient dans la campagne furent si épouvantés, qu'ils crurent que l'île alloit s'abymer au fond de la mer. Un curé, propriétaire de ce lieu, accourut avec de l'eau bénite, & ne manqua pas de faire des exorcismes. Ce fracas cessa entièrement ce jour même. Bientôt tous les curieux accoururent pour observer l'étrange renversement de ce terrain, qui, comme je l'ai déja remarqué, ressemble à une terre labourée où jaillissent de petites sources bourbeuses séparées l'une de l'autre par de petits intervalles de deux, de quatre, de six ou de huit pieds. Ce sont ces petites sources qui depuis ont formé toutes les petites monticules dont ce lieu est parsemé.

Il paroit que l'eau de ces sources vient d'une très-grande profondeur, car j'ai enfoncé dans ce sol des cannes de douze pieds de long, sans en trouver le fond. J'ai placé exprès dans cette estampe, sur le devant du tableau & dans le fond, des figures qui s'occupent à faire cette épreuve.

Après avoir bien observé ce phénomène, en avoir pris note & fait le dessin, je revins à Girgenti, d'où je repartis bientôt pour Rafadale, véritable village à quatorze milles vers le nord-ouest.

De Monte Aperto.

Chemin faisant, je passai dans un lieu qu'on appelle Monte-Aperto, qui n'est réellement distant que d'un mille de Girgenti, mais qui, en étant séparé par une vallée très-profonde, oblige le voyageur à parcourir trois milles avant qu'il puisse y parvenir. Il est situé sur une haute montagne, c'est une ville très-curieuse, & très-digne de l'attention d'un moraliste.

Elle n'est pas ancienne ; elle l'est un peu plus que celle de Pachino, dont j'ai parlé dans le trente-quatrième chapitre de cet ouvrage. Elle est fondée sur les mêmes principes politiques. C'est le refuge des déserteurs, des débiteurs insolvables, des malfaiteurs de tout genre en quelque sorte. Les femmes qui s'y retirent sont dignes d'eux : ce sont celles qui ont foulé aux pieds les préjugés & l'honneur de leur sexe. La réunion de tant d'êtres vicieux n'y produit pas la fermentation dangereuse qu'il semble d'abord qu'on devroit en attendre. L'activité d'un air pur & vif qu'ils respirent sur cette montagne semble purifier leur ame, & le régime d'une police sévère qui les contient, achève de les rendre honnêtes gens. Ils sont à l'abri des poursuites de la justice des villes qu'ils ont quittées & des créanciers qu'ils ont fui ; mais ils sont sous les lois de la ville où ils ont cherché un refuge, & ils ne violent point ce dernier asile.

C'est ainsi, dit-on, que Rome fut peuplée : tous les brigands de l'Italie y trouvoient un lieu de sûreté ; mais il falloit qu'ils s'y conduisissent sagement, & leur postérité fut renommée pour la rigidité de ses mœurs. Les cinq à six mille personnes retirées à Monte-Apperto pour cause d'inconduite, y engendrent des enfans qui, élevés tout autrement que leurs pères, n'en ont point les vices, & donnent des exemples tous différens. Ainsi les mœurs des coupables sont épurées, & leur race n'est point anéantie avant que de naître.

De Monte-Apperto, je repris la route de Rafadale, qui est à onze milles de Girgenti : là, je ne trouvai qu'un sarcophage : il est dans la principale église; il représente en bas-relief l'enlèvement de Proserpine. Il est d'une mauvaise exécution; je ne l'ai pas gravé.

On remarque en ce lieu & dans ses environs des grottes très-dégradées, dont plusieurs étoient sépulcrales, & d'autres ont été des habitations, ce qui prouve que ce pays a été très-anciennement peuplé. On ne sait quel nom ce lieu avoit autrefois; ainsi l'on trouve des débris sans nom, & on sait des noms de villes & de châteaux dont on n'a jamais pu retrouver la position géographique.

Je revins de là à Girgenti, & j'en repartis promptement pour aller à Catolica, petit pays à dix-huit milles de cette ville, & à quatre milles seulement des bords de la mer.

M. Raimond, gouverneur de ce lieu, me fit connoître toutes les personnes qui avoient de l'instruction ; & sur leur rapport, j'appris que la très-antique ville d'Héraclée étoit dans le voisinage au bord de la mer. Dès le lendemain de mon arrivée, je m'y transportai, en suivant à-peu-près le cours du petit fleuve qu'on appelle Pluta, qui passe par Catolica, & qui va porter ses eaux à la mer. Ce petit fleuve abonde, au printemps, en aloses que l'on y voit entrer, & qui se plaisent à remonter le courant tranquille de cette eau douce.

A l'embouchure de ce fleuve, sur sa rive orientale, on voit un grand rocher blanc, élevé d'environ cent pieds au dessus du rivage de la mer : il est escarpé à l'orient, au midi & à l'occident; sa partie supérieure est assez régulièrement plane ; elle a environ trois cents toises d'étendue en tous sens.

On ne peut y parvenir de l'orient & de l'occident que par des chemins très-rampans & fort difficiles. Le côté du nord est à-peu-près de plain-pied avec les terres qui s'éloignent de la mer. La ville d'Héraclée étoit sur ce rocher. On voit encore vers le nord-est, dans le lieu où devoit être la plus belle partie de la ville; on voit encore un endroit dont la forme & l'étendue indique un théâtre. On n'en voit que la masse, & quelques pierres étrangères au sol, qui concourent à indiquer cet édifice.

De ce lieu élevé, on découvre au nord-ouest la ville de Calata-Bellota, ville moderne construite dans l'endroit où fut jadis celle de Triocola, ville renommée par la hauteur de sa situation, qui la rendoit facile à défendre.

On trouve autour d'Héraclée des puits & des fosses telles que j'en ai déja décrit ailleurs : ce sont des citernes que les anciens creusoient ainsi dans les lieux élevés pour recueillir & conserver les eaux de la pluie.

On remarque aussi dans différens endroits des entrées de souterrains qui sont bouchés, & des restes de murs en pierres. Ces restes n'indiquent rien, ne désignent plus aucune sorte de monumens. On y voit peu de tombeaux, ou plutôt de débris qu'on puisse reconnoître pour des tombeaux. De ce rocher les aspects sont admirables, de quelque côté qu'on regarde.

Je ne doute pas que la plupart des édifices qui auront subsisté après la destruction ou l'abandon de cette ville, n'aient été détruits pour être employés à la construction de Catolica, pays nouvellement habité.

Le père Massa nous dit qu'Héraclée avoit d'abord été fondée par Hercule, lorsqu'il vint en Sicile. Elle eut de la splendeur ; elle fut détruite. Minos, roi de Crète, la rétablit lorsqu'il vint en Sicile avec Dédale chez Cocale. De son nom elle fut appelée Minoe. Elle fut détruite une seconde fois. Un Héraclide, qui vint dans cette île, la releva, lui ôta son nom de Minoe, & lui rendit celui d'Héraclée, en l'honneur de son grand-père à qui elle devoit sa première origine.

Sous ce nom elle devint célèbre, elle abonda en richesses & en population. Son éclat fit ombrage aux Carthaginois, qui l'assiégèrent & la détruisirent. Elle se releva encore sous les Romains, qui y placèrent une de leurs colonies, sous le commandement de P. Servillius ; ils l'embellirent. Elle avoit de la splendeur du temps de Cicéron. Le P. Massa nous apprend qu'elle fut détruite pour la dernière fois par les Sarrasins. Les chrétiens ne l'ont pas rétablie.

Vue des Fourneaux a purifier le Soufre

En quittant ce lieu, nous vîmes à l'orient de très-gros murs faits de grandes pierres; mais elles n'étoient pas taillées avec la perfection que l'on remarque dans les belles constructions grecques.

En nous avançant vers le nord, nous trouvâmes sur le chemin d'en haut, plusieurs fontaines sulfureuses, dont les eaux exhaloient une odeur de foie de soufre très-désagréable. Les environs offrent beaucoup de roches de plâtre très-curieuses. On jureroit, en les voyant à trente toises de distance, que ce sont de gros murs construits en grandes pierres, mais ruinés par la vétusté, tant il est vrai que les couches de cette roche sont espacées par des hauteurs égales, & divisées par des lignes perpendiculaires qui ressemblent parfaitement aux joints des pierres. Cela fait la plus grande illusion, même d'assez près.

Le lendemain je fus voir la mine de soufre de ce pays: elle est située à trois milles, environ une lieue de Catolica; elle est dans une montagne qui n'a pas plus de deux cents toises de diamètre. Elle est isolée; son intérieur présente au premier coup-d'œil l'aspect d'une carrière de marbre. On prendroit pour des veines la variété des couleurs que présente le soufre en se mêlant avec des quantités égales de pierres calcaires qui constituent cette montagne, & en s'unissant à des quantités de terre glaise & de gypse. Un fond du plus joli gris, compacte & un peu luisant, en fait la teinte générale; à travers ce fond on aperçoit des veines de soufre plus ou moins foncées; les plus fortes en couleur sont presque rouges, & transparentes comme une cornaline tirant sur la cerise. C'est ce que les mineurs appellent du soufre vierge. On y voit aussi de grandes taches noires: c'est de la glaise saturée d'un suc vitriolique. Dans ces masses noires on remarque des vides ou plutôt des filons où se sont formés des cristaux de gypse superbes, de différentes espèces, soit en aiguilles, soit en forme de cames, accumulés tumultuairement, grands & petits, les uns sur les autres. Il y en a qui sont du plus beau blanc, & d'autres diversement colorés; quelques-uns noirs, d'autres gris, d'autres violets ou jaunâtres; tout cela est enveloppé dans du plâtre & dans de la pierre propre à bâtir. J'engage tout voyageur, particulièrement les naturalistes, à visiter cette mine.

PLANCHE CCXLII.

Manière de préparer le soufre pour le rendre propre aux Arts et au Commerce.

On pioche dans le sein de cette montagne; on en réduit ce qu'on enlève en petits morceaux qui ne sont pas plus gros que la tête; on ramasse tout jusqu'aux poussières; on porte tous ces fragments près de cette carrière; on en forme un monceau A.

Ce monceau, formé de tout ce qu'on a enlevé pêle-mêle des flancs de la montagne, est destiné à être exposé au feu, afin que la fusion en fasse sortir tout le soufre qu'il contient. Pour cet effet on pratique une file de petits fourneaux ronds BB, qui ressemblent à de grandes chaudières de six à sept pieds de diamètre, & de quatre à cinq de profondeur. On a eu soin de faire à la face extérieure de chaque fourneau une ouverture C. Cette ouverture se ferme avec de la terre délayée dans un peu d'eau. Cela fait, on commence, comme on peut le voir figure B, à placer les pierres à soufre, les plus grosses d'abord, sur une petite banquette qui est autour du fond de chaque fourneau; l'on arrange ces pierres toujours en diminuant de grosseur, & en formant avec elles une voûte en coupole, au sommet de laquelle est un trou; l'on place ensuite les pierres les plus menues, & jusqu'aux poussières qu'on met par dessus: elles forment à l'extérieur une pyramide ronde D.

Quand ces pierres à soufre sont ainsi arrangées, on forme autour & au bas de cette pyramide conique une ceinture E avec de la terre fine, large de six à huit pouces, afin d'empêcher la vapeur du soufre de s'échapper trop aisément du fond de ce fourneau.

On prend enfuite une groffe poignée de paille, on l'étend fur cette pyramide, on y met le feu. Cette paille brûle & enflamme le foufre F. Le feu fe communique bientôt de l'extérieur à l'intérieur, & embrafe toutes les parties G contenues dans le fourneau.

Après que cette pyramide a brûlé pendant fept ou huit heures, le foufre eft détaché de chaque pierre, & a paffé dans l'état d'huile au fond du fourneau. La pyramide H devient alors très-noire.

On débouche l'ouverture C qui eft en avant ; on la perce avec une barre de fer ronde : elle devient alors un gouleau par où le foufre s'écoule. On le reçoit dans des moules de bois femblables à des auges de maçon. On a foin de mouiller ces moules, afin que le foufre ne s'y attache pas. Il s'épaiffit, fe coagule & fe durcit en quinze minutes ; il prend la forme d'un pain trapézoïde : c'eft la forme ordinaire qu'on donne au foufre de ce pays, & fous laquelle il paffe dans le commerce. I I, ce font des pains de foufre. K, ce font les moules que l'on met dans l'eau pour les refroidir.

On voit dans les environs de ce lieu beaucoup de montagnes qui donnent de la chaux, du plâtre, du foufre, de la terre glaife noire, & de la pierre à bâtir, confufément mêlés enfemble.

Ces obfervations faites, je revins à Catolica. C'étoit alors le temps des fêtes de Pâques. Je fus très-furpris de voir que dans ces jours confacrés à la dévotion, les habitans de ce lieu avoient renchéri fur les traveftiffemens les plus bizarres que j'euffe obfervés dans d'autres contrées.

Le dimanche des Rameaux, après avoir entendu la meffe dans ma chambre à coucher, comme cela fe pratique fouvent en Sicile, je vis paffer fous mes fenêtres une proceffion qui me furprit bien, tout accoutumé que j'étois à voir des momeries qu'on ne fe permettroit pas en France. A la fuite des prêtres, qui formoient le corps de cette proceffion, marchoient douze hommes en furplis, avec une ceinrure & un mafque de carton fur le vifage ; ils avoient fur le derrière & fur la partie la plus élevée de leur tête une auréole, c'eft-à-dire, un morceau de carton coupé circu-lairement, de dix-huit pouces de diamètre, fur lequel on avoit peint des rayons. Ces douze figures ainfi équipées, mafquées, & pourtant coiffées, prétendoient repréfenter les douze apôtres accompagnant Jéfus-Chrift au jour où il entra dans Jérufalem. Or Jefus-Chrift étoit figuré par la perfonne du curé ; il portoit auffi une auréole, mais il n'avoit point de mafque. Il marchoit derrière ces douze apôtres, & pour reffembler mieux au Chrift, il étoit monté fur un âne. Il s'avançoit ainfi fuivi d'une grande foule de peuple édifié de cette mafcarade.

Du refte, ce pays ne m'offrit rien qui ne portât le caractère Sicilien, qu'on retrouve par toute l'île.

J'en partis pour retourner à Girgenti. Je pris une route différente de celle que j'avois fuivie en y venant, pour voir le plus poffible d'objets nouveaux ; cette route étoit celle de Sicoliana. Après une lieue de marche, je rencontrai un bel abreuvoir public, tel qu'on en voit beaucoup dans l'Italie, fur-tout dans les états du Pape.

Là, j'obfervai vers le fommet de la montagne, fur la droite, des grottes taillées dans la roche en bouches de four, & fervant jadis de tombeaux. Je montai au deffus : là, je vis une très-belle efplanade, très-convenable pour y bâtir une ville, autant par fon étendue, que par la régularité de fon niveau, fur-tout par d'admirables points de vue qui charment, de quelque côté qu'on regarde. Je vis encore à l'oppofé de l'endroit par où j'étois monté, des grottes taillées dans le roc vers le pied de la montagne qui s'élève confidérablement au deffus de cette plaine. Je vis auffi beaucoup de débris abfolument ufés par le temps, & je demeurai intimement perfuadé par tout ce qui frappoit mes regards, que ce lieu eft celui où étoit l'antique ville d'Angira.

Cette ville fe rendit célèbre chez les anciens par la conftance de fon attachement aux Carthaginois, tandis que beaucoup de villes s'en étoient détachées pour prendre le parti de Denys l'ancien, qui fe faifoit craindre par fes nombreufes armées de terre & de mer. Les débris de cette ville ont fervi fans doute à conftruire Catolica & Sicoliana. Je me rendis de ce lieu dans cette dernière ville, qui n'en eft éloignée que de quelques milles.

Moulin domestique pour le blé
appelé *Tratimola à cinquanta*.

DE SICILE, DE MALTE ET DE LIPARI. 63

Je n'y trouvai rien de remarquable : les habitans me parurent très-soigneux d'exercer l'hospitalité. Ce pays, dit le P. Maffa, est le sol d'une ville antique, ou d'un Château antique, appelé Cena : le nom de Sicofiana qu'il porte aujourd'hui lui vient sûrement de quelque Roi des Sicules, comme la montagne sur laquelle elle étoit s'appelle encore Camicus, du vieux Roi Camicus, qui a demeuré à la place où est Girgenti, & qui pouvoit fort bien avoir quelque Château sur cette montagne. Ce Prince pouvoit posséder aussi, au bord de la mer, à trois milles de la ville de Cena, un autre château, ou fort, ou habitation.

J'en partis, & après avoir parcouru sept milles, j'arrivai à Girgenti. J'avois depuis long-temps observé dans cette dernière ville une espèce de moulin avec lequel ses habitans broient leur blé : je le comparois alors avec celui dont on se sert très-communément à Licata pour moudre le blé dont on fait la pâte d'une espèce de Macaroni très-délicat. Je dessinai ces deux moulins, & je crois devoir présenter ces deux objets d'une industrie qui n'est pas la nôtre.

PLANCHE CCXLIII.

Moulin à blé de Girgenti, figure 1 ; Moulin à blé de Licata, figure 2.

La simplicité de ces moulins m'a fait plaisir, sur-tout en ce qu'elle supplée au défaut de ceux à vent & à eau, qui demande de grands établissemens, & par conséquent de grandes dépenses. Lorsqu'il ne s'agit que de nourrir un hameau, ou un château, un petit mécanisme comme celui de ce moulin peut suffire, & dispenser de faire deux ou trois lieues, ou plus encore, pour aller moudre à un moulin banal, attendre s'il ne vient pas de vent, ou si l'eau manque, ou s'il y a d'autres gens avant soi. Ce moulin est plus commode ; il suffit de le placer dans une chambre, ou dans une salle basse : la grande dépense est la nouriture de l'âne qui le fait tourner, encore cet âne sert-il à autre chose quand le moulin ne va pas.

Voici en quoi consiste son mécanisme. Le morceau de bois vertical A, est posé par le bas au centre d'une grande roue horizontale, dont les deuts s'engrènent dans la lanterne que l'on voit un peu paroître en B. Cette lanterne a un axe qui passe verticalement à travers une meule immobile, cachée derrière le large cercle C, & qui va se fixer dans le centre de la meule mobile D, laquelle percée en E, reçoit le blé de la trémie F, par le gouleau qui est au dessus du trou E ; lequel gouleau est agité par la vibration que lui fait faire la petite roue G, qui tourne beaucoup lorsqu'elle est mise en mouvement par la meule D, dont l'axe fixe tourne en passant dans la meule immobile C, lorsque la lanterne B est mise en mouvement par la roue cachée que fait tourner l'arbre A, auquel est attaché fortement le levier H, lequel est très-courbé, afin qu'il puisse passer par-dessus la trémie F, lorsque l'âne ou le cheval, marchant autour de ce moulin, tire ce levier, & met toute la machine en mouvement. Ces deux meules C & D, dont celle qui est mobile tourne sur celle qui est fixe, écrasent le blé qui tombe en E, & fait de la farine qui tombe en I, avec le son. Il ne reste qu'à tamiser cette farine pour en ôter le son lorsqu'on en veut faire du pain.

Le dessin de ce moulin a été fait & m'a été communiqué par M. Presti, avocat de Girgenti, un des hommes les plus estimables que j'aie connus en Sicile. On donne, à Girgenti, le nom de centimolo à cette sorte de moulin.

Moulin de Licata.

Ce moulin, auſſi bien que celui de Girgenti, eſt un moulin domeſtique. Toute la différence qui s'y trouve, c'eſt qu'au lieu d'un âne, ce ſont des femmes qui le font mouvoir.

Ces trois femmes tiennent une barre de bois A. Une tige B emmanchée au milieu de cette barre, a de chaque côté un arc-boutant C qui tient cette tige ferme. Le bout de la tige oppoſé à celui qui tient à la barre, eſt percé, & dans ce trou paſſe un axe courbe D, qui traverſe verticalement la meule mobile E, tandis que cet axe tourne librement au centre de la meule inférieure cachée derrière le large cercle F, qui reçoit, comme à l'autre moulin en C, la farine qui tombe ici dans la corbeille G. La manivelle de cet axe étant libre dans le trou de cette tige B, que l'on tire & pouſſe alternativement, fait tourner la meule ſupérieure ſur l'inférieure qui eſt immobile, & par ce mouvement, elle écraſe & briſe le blé, qu'elle réduit en bonne farine.

Je n'ai plus qu'une ſeule remarque à faire ſur Girgenti. Elle eſt néceſſaire pour qu'on connoiſſe le ſeul endroit par lequel on y pouvoit entrer & ſortir lorſque ce lieu étoit la forterſſe de Cocale & de Camicus. Il étoit d'uſage, dans ces temps d'antiquité & de crainte, de n'avoir qu'une ſeule entrée dans ces lieux élevés, afin qu'on pût plus facilement s'y défendre

PLANCHE CCXLIV.

Vue de l'unique entrée de la Forteresse de Cocale et de Camicus, Rois des Sicules.

Cette forteresse étoit ſituée, comme je l'ai déjà dit, ſur la partie la plus élevée du lieu qu'occupe Girgenti, dans l'endroit où ſont aujourd'hui la Cathédrale, le Séminaire & le Palais Épiſcopal. Toutes les extrémités de ce lieu étoient défendues par une roche eſcarpée de tous côtés, & dont l'accès étoit impraticable. Cependant il falloit y entrer. Pour cet effet on avoit pratiqué un paſſage ſi étroit, & ſi profondément entaillé dans la roche, qu'on ne pouvoit abſolument pas s'y engager ſans la permiſſion des habitans. Cet expédient faiſoit leur ſécurité. Pour plus de précaution, ils avoient conſervé dans l'intérieur, après ce défilé, une eſplanade d'environ trois cents toiſes, où l'on pouvoit livrer un combat. Au delà de cette eſplanade on rencontroit un ſecond défilé, où eſt la porte de la ville, qu'on pouvoit auſſi facilement défendre (Voyez la Carte d'Agrigente). Cette eſplanade eſt aujourd'hui un fauxbourg de Girgenti, appelé Rabato. Il ſert d'entrée à cette ville, comme il en ſervoit à la forterſſe de Cocale & de Camicus.

A la droite du rocher C, il y a encore un défilé taillé dans la roche; mais ce paſſage eſt moderne.

Ils ne furent pourtant pas à l'abri des fureurs de la guerre; ils furent aſſiégés: il ſe paſſa certainement des ſcènes mémorables & funeſtes, ſoit aux aſſiégeans, ſoit aux aſſiégés. Je crois qu'on avoit voulu tranſmettre à la mémoire le ſouvenir de quelques-uns de ces combats dans l'inſcription qu'on avoit placée dans la roche au-deſſus de ce paſſage étroit. On en voit encore la place B. Je l'ai remarquée, & je l'ai deſſinée en faiſant cette eſtampe. J'ai bien regretté de ne pas pouvoir trouver cette inſcription. J'ai fait des recherches; perſonne ne m'en a pu donner connoiſſance, & je ne ſache pas qu'aucun auteur en ait parlé.

Près

Entrée unique de l'antique Forteresse de Cucule.
A. Lieu d'une antique Inscription.

DE SICILE, DE LIPARI, ET DE MALTE.

Près de l'endroit marqué C, en dirigeant ses pas vers la droite, on voit la roche à découvert, elle forme le sol dans une étendue de deux ou trois cents toises : elle est très-inclinée. J'ai vu plusieurs grottes taillées dans cette roche : elles ont servi d'habitations autrefois ; elles sont aujourd'hui de la plus grande vétusté. Un peu plus bas, vers le couchant, on voit des cavités rangées en ligne droites du Nord au Midi : ces cavités ont la forme d'un carré-long ; elles sont aussi taillées dans la roche. Il y eut autrefois, à une époque inconnue, un faubourg dans cette même place. Les murs qui s'élevoient sur la roche, aux extrémités de ces cavités carrées, formoient des maisons : on voit encore dans l'intérieur de ces cavités, des portions de portes & de fenêtres ; on voit dans chaque cour une petite citerne pour recevoir les eaux pluviales. Dans l'intérieur des maisons, & à l'endroit où la roche est élevée, il y a des armoires & des cabinets creusés dans cette même roche. Je crois que ces travaux sont l'ouvrage des Sarrasins.

Description de l'Aloès.

Cette plante s'appelle *Zabbara* en Sicile. Ce nom lui vient des Sarrasins. On l'appelle vulgairement *grand Aloès*. L'Auteur du Dictionnaire de Botanique lui donne le nom d'*Agave* d'Amérique, & les botanistes l'appellent *Agave Americana*.

L'Aloès se reproduit de drageons qui poussent de sa racine, quelquefois en assez grande quantité, c'est-à-dire, qu'une plante en produit jusqu'à une douzaine, & même plus. Lorsqu'elle a atteint sa cinquième année, ou la sixième, & qu'elle est d'une belle espèce, dans un terrain qui lui est avantageux, elle lance, au mois de mai, du centre de ses belles feuilles, qui ont environ six pieds de long, une tige qui d'abord a la figure d'une asperge, ainsi que sa couleur. A la fin d'août, cette tige est ordinairement parvenue à vingt-cinq ou trente pieds de haut ; à son sommet se voit ensuite une pyramide de fleurs qui forment des bouquets placés aux extrémités des branches horizontales, saillantes de trois pieds, & distribuées par étages réguliers autour de sa tige. Elles diminuent de longueur jusqu'au sommet de la masse totale, qui offre la forme d'un cône parfait, occupant environ le tiers de la hauteur de cet arbre.

Ces fleurs produisent des capsules triangulaires & à trois loges, lesquelles renferment une grande quantité de semences plates & noires : elles mûrissent en septembre. A la fin d'octobre l'arbre est sec, & peut s'employer si on est pressé d'en faire usage. Les feuilles du pied de cet arbre sont fort épaisses au milieu sur toute la longueur, & s'amincissent sur les côtés, où elles sont armées de pointes souvent courbées en crochet, & très-aiguës. L'extrémité de ces feuilles est aussi armée d'une pointe noire, fine & très-dure ; à l'endroit de leur naissance elles ont environ huit pouces de large.

En octobre toute cette plante meurt, pour donner aussitôt naissance à des rejetons qui se multiplient & augmentent de force en raison des degrés de dépérissement de celle qui les a fait naître depuis qu'elle ne croît plus. A la fin de l'année on transplante ces drageons, & on en fait ordinairement les haies qui séparent les différens terrains des habitans de la campagne.

J'ai remarqué une particularité dans la vie de cette plante qui m'a paru curieuse : c'est que si dans le cours de son accroissement elle reçoit quelque coup qui y fasse une lésion ou une fracture, ou que les vents la rompent près de sa sommité, & que cette plante ne soit pas à la fin de sa croissance, on voit naître près de la fracture qu'elle aura éprouvée, l'équivalent de ce qu'auroit produit la partie qui lui manque : si on coupe cette tige au-dessous de ses branches, & que les fleurs n'aient pas encore été formées, on voit la partie de cette tige restante se remplir de fleurs sans rameaux. Si l'on coupe la tige au pied avant que les branches aient eu leur croissance, il s'élève à côté de ce pied une branche très-forte du genre de celles qui devoient orner cette tige, & qui est chargée des fleurs qu'auroient eues tous ces rameaux. Il y a dans la marche de la nature de cette végétation, des détails très curieux pour un observateur.

Cette plante fait connoître qu'elle a une quantité de sucs destinés à son accroissement parfait, à la configuration de ses parties, de ses fleurs, de ses fruits. Si ou la prive d'une ou de plusieurs de ces circonstances en la mutilant, elle n'en produit pas moins d'une autre manière ce qu'elle auroit donné dans son ordre naturel. Elle croît sans culture.

Les feuilles du pied de cette plante ont de grandes propriétés : elles s'emploient indistinctement, soit vertes, soit fanées. On en tire une filasse en les corroyant sur une planche ou sur une pierre. En battant ces feuilles, en les comprimant, les frottant longitudinalement avec violence, tenant avec les deux mains un morceau de bois taillé en biseau, la peau & les sucs s'en détachent, & il en reste une très-belle, très-forte & longue filasse blanche de toute la longueur de la feuille, depuis deux pieds jusqu'à quatre ou cinq.

Cette filasse prend très-bien la teinture cramoisie & autres : elle peut se carder, filer très-fin, & s'emploie, à la manière des tisserands, avec le coton & la soie. J'ai vu de fort beaux mouchoirs faits avec ce produit végétal. Cette plante a aussi de très-grandes propriétés en médecine.

Si on faisoit des recherches, & qu'on perfectionnât l'art d'employer ses produits, les résultats en deviendroient des plus avantageux.

La tige de cette plante, lorsqu'elle est sèche, se coupe à douze ou quinze pieds de long; à sa partie inférieure elle a dix à douze pouces de diamètre, & quatre à cinq à l'autre extrémité. Dans cette proportion, elle s'emploie comme chevrons pour les toits des maisons en Sicile, où en soliveaux pour les planchers; sa légèreté & sa force sont aussi surprenantes que sa durée, soit debout, soit horizontalement.

Cette plante est très-abondante dans les vals Démoné & de Mazzara; elle l'est beaucoup moins dans le val de Noto : il y en a beaucoup dans le territoire d'Agrigente; & c'est à l'occasion d'une superbe plante de cette espèce, que j'ai fait cette description. Je l'avois admirée long-temps dans les antiques demeures dont j'ai parlé ci-dessus.

Les abeilles se nourrissent très-abondamment du miel qu'elles trouvent dans les nectaires de ses fleurs.

On voit cette plante dans l'estampe où j'ai représenté l'égoût souterrain, page 40, chapitre 39.

Après avoir passé la plus orientale de ces antiques habitations, dont j'ai parlé ci-devant page 65, j'ai observé des particularités fort curieuses pour un naturaliste : ce sont des trous à-peu-près perpendiculaires, & des fentes également creusées dans cette roche. Ces trous & ces fentes sont remplis de coquilles, de celles qu'on nomme cames, bénitiers, peignes, buxins ; il y a aussi des madrépores de différentes espèces, qui se sont logés dans ces trous, au temps où la mer couvroit cette roche. Mais je n'en connois pas d'autre exemple. Je n'ai jamais vu ailleurs, & je ne sache pas qu'on ait vu nulle part, différentes espèces de poissons à coquille habiter les mêmes cavités.

Ce lieu, dans le plan d'Agrigente, est marqué par le chiffre 7 : c'est par erreur que dans le texte, à la page 17 de ce quatrième volume, j'ai dit que ce chiffre 7 indique le pied du mont Tauro. Le pied de cette montagne est indiqué dans le plan par le chiffre 9.

La roche sur laquelle est Agrigente, est formée d'un sable grossier & d'un mélange de coquilles entières ou brisées. Dans toute l'étendue qu'occupait cette antique ville, depuis le temple de Cérès, jusqu'à celui de Jupiter Olympien, & depuis celui de Junon jusqu'à celui de Jupiter Polieo dans Girgenti, cette roche laisse voir, en bien des endroits, des lits immenses d'huitres parfaitement semblables à celles qui se mangent aujourd'hui à Paris.

L'histoire naturelle ne m'offre ici, & par-tout où je m'en suis occupé, que des détails qui, plus ils sont curieux, plus ils deviennent incompréhensibles. J'en ai traité avec briéveté, parce que je n'ai pas eu occasion de faire connoître d'une manière aussi développée, dans la théorie de

DE SICILE, DE LIPARI, ET DE MALTE.

l'Etna, celle de toute la Sicile. Mais maintenant, après avoir parcouru l'histoire des arts de cette île & d'Agrigente, dans tous les temps connus dont il nous reste des monumens, il devient nécessaire de démontrer comment je conçois le mécanisme de sa formation, parce qu'il en résultera plus de lumière, d'admiration & de plaisir, lorsqu'on se rappellera tous les phénomènes que j'ai rapportés.

Des observations multipliées m'ont fait concevoir la manière dont le Mont-Etna s'est élevé : je l'ai mise à la vue par le moyen de mes Estampes, le meilleur sans doute pour suppléer à l'insuffisance du discours, dans une démonstration où l'on n'a pas sous les yeux les objets mêmes, ou des exemples capables de faciliter la conception des lecteurs.

Le Mont-Etna est pour quelques personnes un phénomène unique : pour d'autres c'est un être qui n'est point rare, mais dont cependant ils ne connoissent pas davantage la contexture. Mon intention étoit de la bien développer, même aux yeux de ceux qui ont vu des volcans, & sur-tout aux Ecrivains qui, sans les avoir vus, en ont beaucoup parlé.

L'ordre des idées que j'ai suivies pour démontrer la formation de cette étonnante montagne, m'a servi à ébaucher ce qui me restoit à dire de la manière dont s'est accumulée cette masse de terre qui environne le volcan au midi, au couchant & au nord de sa base.

Les plus hautes montagnes de la Sicile présentent à leurs sommets des débris de productions marines de poissons, de plantes ou de madrépores, & généralement de tous les êtres qui naissent & vivent au sein des eaux, on en trouve aussi à toutes sortes de degrés d'élévation. Donc la mer a surmonté ces éminences, & dominoit de beaucoup leur hauteur actuelle.

L'action de l'air, celle des eaux du ciel, les ont depuis considérablement abaissées, avant qu'elles eussent acquis la dureté où elles sont parvenues aujourd'hui.

C'est donc du sein des eaux qu'elles tirent leur origine : leur élévation extrême n'a coûté que du temps à la nature ; elle n'en est pas avare ; & ce ne peut être que sur le sol qui portoit alors les eaux de la mer, que ces masses se sont formées par la réunion des différentes substances qui les composent.

La puissance des courans amena ces immenses dépôts sur le sol pyramidal de l'Etna naissant. Ce volcan, que depuis les Sarrasins ont nommé Gebel, jetoit alors par une grande quantité de bouches, des matières, soit laves ou pouzzolanes, qui s'étendoient alternativement & par couches autour de lui ; la plupart des ouvertures par lesquelles elles s'échappoient, se sont bouchées depuis en s'éteignant, comme je l'ai expliqué : mais il en est resté qui font leur effet sous terre en bien des endroits de la Sicile : les autres n'ont pas été couvertes, telles sont celles de l'Etna, & des volcans de Lipari, dont deux brûlent évidemment, & un troisième ne produit que des eaux bouillantes. On peut joindre à ceux-ci, pour étendre un peu notre plan des volcans, ceux de la Calabre, le Vésuve, ceux d'Italie & de la France, &c. Ce sont aussi des volcans, qui ont contribué à la formation de la plupart des îles de la Méditerranée, & de la plus grande partie du continent de l'Espagne, du Portugal, de l'Afrique, &c.

Il est probable que l'élévation formée par les productions volcaniques, déterminoit par les chaleurs souterraines les productions marines à s'unir à elles. Quelles qu'en soient les raisons, leur union est un fait, & voici comme elles s'expliquent. Les masses nouvellement produites acquièrent d'abord de la solidité dans quelques endroits à des degrés différens, mais sur-tout aux parties qui étoient assises sur les volcans, parce que ces feux souterrains, ayant creusé des vides immenses, où régnoit une chaleur dévorante, attiroient par succion toutes les parties humides contenues dans les matières qui surmontoient les croûtes dont ils étoient couverts. Ces matières devenues moins humides, acquièrent de la solidité, & se trouvoient en état de résister aux efforts contraires résultans des courans qui auroient pu les détruire, après les avoir formés.

Dans d'autres places, où la chaleur intérieure des volcans ne se faisoit pas sentir, les dépôts marins apportés par les courans, se sont dissipés par la même force qui les avoit produits, & leur éloignement a laissé entre les volcans le vide qu'occupe actuellement la mer.

La partie solide restante de ces dépôts immenses plus ou moins dégradés, constitue les montagnes que l'on voit aujourd'hui dans la Sicile, en Italie, en France, &c.

On conçoit que ces montagnes doivent être un composé de toutes sortes de substances provenant des trois règnes rapprochés, mêlées en des quantités, sous des formes différentes, d'où il a dû résulter par la suite des temps, des combinaisons inattendues, qui ont paru & paroîtront toujours bien extraordinaires, & souvent bien curieuses.

A dater des premier temps où les Isles & les continens se formèrent, des siècles accumulés sans nombre se sont passés, pendant que la Sicile croissoit insensiblement au sein des ondes. Faisons abstraction actuellement, de tout ce qui lui est étranger, pour ne nous occuper que d'elle.

Cette Isle parut enfin comme un point à la surface de la mer, de nouveaux siècles la virent s'agrandir, & faire partie du globe, stérile d'abord & déserte; dans les siècles successifs, elle devint peu à peu féconde & habitée, en recevant toutes les semences qui lui furent apportées des régions voisines & éloignées.

Les premiers agens de cette fécondité, furent les pouzzolanes & les cendres des volcans: les vents dispersoient au loin ces substances de tous les côtés, sur les plaines de sable & sur le galet, sur les roches calcaires, & sur les parties qui par elles-mêmes n'étoient nullement propres à la végétation. Les plantes & les arbres s'y multiplièrent avec abondance, & bientôt la richesse du sol rendit cette Isle propre à faire le bonheur de ses habitans.

Les seconds agens qui, à la même époque contribuèrent à sa fertilité, furent les eaux du ciel, errantes d'abord sur la surface. Elles commencèrent par creuser de petits vallons, en se rassemblant dans les parties basses du terrain: de-là s'échappant en filets insensibles, elles formèrent des ruisseaux qui, devenus torrens, s'accrurent toujours, & tracèrent de profondes vallées au fond desquelles furent appuyées les bases irrégulières de ces hautes montagnes qu'on y voit s'élever de toutes parts. Ces montagnes, tantôt isolées, tantôt accouplées, ou séparées par des plaines, des contrées qui ne présentent que du sable ou des pierres mobiles dispersées à leurs pieds, soit par des collines calcaires encore tendres, abaissées par les efforts des eaux, reçurent d'elles leurs places & leur étendue. Les eaux produisirent aussi, par leur rapidité, des profondeurs & des abymes effrayans, autour desquels on aperçoit encore les couches volcaniques, les laves & les dépôts marins. Ailleurs se présentent des inégalités moins terribles, que des herbes & des mousses variées, différentes broussailles, des bouquets d'arbres, d'épaisses forêts même s'empressent d'embellir. Ces objets gracieux, en s'unissant aux débris des rochers, aux cataractes, formoient la décoration des plaines, bordoient irrégulièrement les étangs, les lacs & les rivieres, qui se reposoient en parties sous leurs rameaux, dont les eaux pures & tranquilles se plaisoient à reproduire l'image. Ailleurs ces arbres majestueux ombrageoient des vallons émaillés de fleurs & de verdure, & des nappes d'eau transparentes, qui tomboient en cascades, offroient dans mille points de vue, sous un ciel orné de nuages, à toutes les heures du jour, de délicieux paysages.

On devoit voir sous ses pas dans ce beau climat, les fleurs & les fruits groupées ensemble, & se succéder pendant toutes les saisons; les oiseaux & le gibier, peuplèrent à l'envi les airs & la campagne, les étangs & les fleuves dûrent avoir leurs richesses, tout offroit aux premières peuplades qui occupèrent ce ravissant séjour, une vie douce, oisive & exempte de besoins.

Il y eut alors des siècles de bonheur, où l'innocence & la paix purent habiter parmi les hommes, & qui fournirent aux poètes l'idée de l'âge d'or.

Les premières Colonies s'agrandirent; on vit s'élever des villes, des républiques & des royaumes. Et aussitôt les dissentions, les haines nationales, les guerres, & tous les forfaits, avilirent les hommes.

La diversité des peuples, des cultes & des langues, fit changer cette Isle bien souvent de mœurs & de dénominations : on la trouve désignée chez les anciens, par les noms d'Isle du soleil, & de terre des Cyclopes. Je n'admets pas dans l'histoire vraie de la Sicile, les Géans, les Cyclopes, les Lestrygons (1), ni ces dieux que les poètes y ont fait règner avant même qu'il y eût des villes : ces fables embellies par la riche imagination des hommes de génie, ne jettent qu'un jour trompeur sur la physique, sur les arts, & sur les objets de mes recherches.

Les Sicaniens partis de l'Espagne, vinrent après d'anciennes nations s'établir dans cette Isle, & l'appelèrent Sicanie.

Les Siciliens ou les Sicules qui venoient d'Italie, furent leurs successeurs, & lui donnèrent le nom de Sicile, celui de leur patrie.

Les Phéniciens voulurent avoir aussi des possessions en Sicile : ce fut sans doute par la voie des combats, des ruses & des perfidies, qu'ils parvinrent à y obtenir des établissemens de commerce : il devint même considérable ; & les Troyens partagèrent avec eux cet avantage.

Les Grecs s'y établirent pour la première fois, après le siége de Troie, temps où plusieurs de leurs Chefs erroient dispersés sur tous les rivages de la Méditerranée. Ils y abordèrent à différentes époques, & y règnerent long-temps, formant un grand nombre de républiques sous des noms différens, qui tiroient leur origine des diverses contrées de la Grèce. Chacun apporta de son pays des sciences, des opinions & des arts particuliers : les édifices qui nous restent de ces républiques sont des temples en pierres, de l'ordre dorique des premiers temps de l'architecture.

Les Grecs règnerent, à la fin de leur résidence, concurremment avec les Carthaginois, dont la navigation s'étendoit sur toute la Méditerrannée : ces nouveaux conquérans y apportèrent aussi leur commerce, leurs armes & leurs dieux ; ils occupèrent les rivages de l'occident & du septentrion, & furent chassés par les Romains.

Les Mamertins venus d'Italie, s'emparèrent de Messine, & appelèrent les Romains en Sicile ; bientôt ces peuples dominateurs jugèrent à propos d'y faire des conquêtes, puis de s'en rendre les maîtres : alors l'Isle fut appelée Trinacrie : le nom de Sicile lui est enfin resté.

Les Romains employèrent quelques années à y établir la paix, l'abondance & même la splendeur : ils y élevèrent dès le temps de leur république, de superbes édifices en marbre : leur puissance & leur ambition ne trouva rien de trop magnifique. Il est bien remarquable que la Sicile devint sous leur domination beaucoup plus florissante qu'elle ne l'avoit été du temps des Grecs, c'est-à-dire, du temps où elle se regardoit comme libre : mais ses principales villes étoient autant de petites républiques ennemies, & qui se combattoient sans cesse.

Les Siciliens, sous le gouvernement des Romains, perdirent leur génie militaire, & ces haines de cités qui ne servoient qu'à leur propre destruction : l'Isle n'éprouva de maux que les vexations & la tyrannie de Verrès, qui enleva les plus précieuses productions des arts, portés alors au plus haut degré de splendeur dans tous les genres. En se rendant maîtres de la Sicile, les Romains avoient laissé à ses habitans leurs temples, leurs divinités & leurs cultes, que les Grecs & les autres nations y avoient apportés : tout y conserva un caractère de bon goût, & même d'élégance, peu-près jusque au partage de l'empire Romain. A cette époque les monumens de l'antiquité se dégradoient, & n'é-

---

(1) Quelques Ecrivains placent les Lestrygons avec les Cyclopes en Sicile. J'ai suivi cette opinion ; d'autres les placent en Italie, du côté de Gaëte.

tant plus rétablis, les arts cessèrent d'être appréciés ; les talens disparurent pour laisser régner l'ignorance de la barbarie.

Vers la fin du quatrième siècle de notre ère, Siracuse fut la première ville de Sicile qui reçut le christianisme : bientôt plusieurs autres villes, & enfin toutes les contrées de l'Isle suivirent le même exemple. Alors toutes les cités perdirent en peu d'années, ce qu'elles avoient de beaux monumens : la dépravation du goût suivit les progrès de cette décadence des arts, jusqu'à leur anéantissement.

L'irruption des Sarrasins, dans le septième siècle, changea encore la face de ce pays : ils s'y établirent en le ravageant de toutes parts, y firent adopter leurs coutumes & leurs loix, par les combats & les incendies : la terre fut couverte de cendres, de morts, & inondée de sang, dont les ruisseaux grossissoient les fleuves & rougissoient les mers d'alentour.

Après ces longs orages, le calme revint, & permit par intervalles, dans quelques endroits, selon le besoin & le génie de la nation, d'élever de gothiques édifices. Le goût Grec qu'avoient conservé les Romains, disparut pour toujours. Je n'en retrouvai quelques traces que dans les débris qui avoient échappé à la mutilation, imprimée par la main de ces barbares aux beaux monumens de l'antiquité.

Dans le onzième siècle, les chevaliers Normands chassèrent à leur tour les Sarrasins, & renouvelèrent contre eux les scènes d'horreur, que ces hommes féroces avoient portées au plus grand excès contre les Siciliens ; cette conquête leur coûta cent ans de combats des plus opiniâtres. Enfin, l'expulsion totale de ces brigands rétablit la paix & le christianisme.

En 1282, ce massacre, connu sous le nom de Vêpres Siciliennes, causa dans ce pays une autre révolution qui fit succéder les Aragonois aux Normands. Les Autrichiens vinrent ensuite donner des loix à la Sicile ; après eux les Espagnols y établirent les Napolitains, qui y règnent aujourd'hui.

Le sort des Siciliens n'a pas éprouvé de grands changemens depuis l'expulsion des Sarrasins, parce que leurs derniers maitres ont eu tous la même religion.

PLANCHE CCXLV.

Carte de la Sicile.

La Carte que je donne ici, présente la Sicile dans son état actuel, en 1780 : elle offre le nombre & la position des villes, des villages, les plus considérables, auxquels on donne les noms de terres seigneuriales, de baronies, comtats, marquisats, & d'autres titres : on y voit aussi des citadelles, de simples villages & des hameaux qui n'ont point de dénomination honorifique.

Je présente cette Carte comme le tableau le plus curieux dans ce genre. On y voit soixante-cinq villes encore existantes : & qui ont toutes de la splendeur, selon que leur position est plus ou moins avantageuse. Les deux tiers ont de l'importance, & dans ce nombre on compte quinze ports de mer. Le reste est composé de villes méditerranées plus ou moins considérables. Dans les intervalles qui séparent ces villes, on compte deux cent quarante terres, soixante-onze casals, vingt-huit châteaux, deux cent quarante tours ou citadelles, environnés de maisons plus ou moins nombreuses, & sept villages, ce qui fait en tout six cent cinquante-un endroits habités, tant forts que foibles. Je crois que le nombre des villes de la Sicile a dû être au temps des Romains, à-peu-près le même qu'il est de nos jours ; que la grande différence n'a consisté que dans la supériorité de la population Romaine.

Toutes ces villes, ces ports de mer & ces terres, sont contenues dans une Isle de forme triangulaire, dont l'étendue est d'environ soixante-deux lieues dans sa plus grande largeur.

Cette Carte diffère de celle que j'ai placée à la tête du premier volume, en ce que la première ne contient que les villes, les casals, & le lieu de quelques monumens antiques, dont, en observant cette Isle dans le plus grand détail, j'ai vu les restes plus ou moins conservés ou

defquels on ne trouve plus que la place; la seconde préfente les villes, tant anciennes que modernes qui exiftent aujourd'hui.

Le père Maffa, dans fa Sicile en perfpective, nous affure que les foixante-cinq villes de nos jours font toutes d'origine antique, & que la plupart même font de la plus haute antiquité, ainfi qu'un très-grand nombre des terres & des cafals habités de cette Ifle.

Pour avoir une idée de l'ancienne Sicile, il faut joindre à ce nombre celui des villes dont l'hiftoire nous parle, & qui ont difparu de fa furface.

Afin de la bien connoître, j'ai fait la recherche de celles qui ne fubfiftent plus, & qui ont fleuri à des époques fucceffives ; villes dont on ne retrouve plus que de foibles veftiges. Plufieurs d'entre elles n'ont laiffé que des amas de pierres; d'autres n'offrent à l'œil que les plus légers débris; beaucoup n'indiquent le lieu où elles font fituées, que par des grottes & des tombeaux taillés dans le roc. Un très-grand nombre n'ont laiffé aucune indication. On ne retrouve plus leur place ; on ne fait que leur nom, uniquement parce qu'il eft attaché dans l'hiftoire à celui de quelque héros, ou à une anecdote particulière : il y en a enfin dont les noms mêmes font effacés, oubliés.

Les noms de villes que l'hiftoire nous a confervés, fe montent à cent quarante-cinq ; ceux des cafals à cent trois; ceux des châteaux à cinquante-un; ceux des villages, des tours & des hameaux à quatorze, ce qui fait en tout trois cent treize.

Si toutes ces habitations, après avoir concouru fucceffivement à rendre immortelle par leur puiffance & leur célébrité, cette Ifle la plus grande de la Méditerranée, nous étoient connues depuis leur origine, que de traits auroient figuré dans l'hiftoire par la grande variété & l'importance des événemens qui leur ont donné la naiffance, que l'on en a fait la fplendeur, & en ont déterminé la décadence & l'anéantiffement ! Si les révolutions qui les firent difparoître, n'avoient pas auffi entraîné avec elles les monumens hiftoriques que la tradition nous conferveroit, ces richeffes littéraires remplaceroient, du moins dans la mémoire, les peuples & les cités que nous regrettons.

La beauté du climat contribua beaucoup aux révolutions qu'éprouva la Sicile. D'orgueilleux conquérans encouragés par quelques fuccès obtenus fur le continent, oferent y paffer, & devinrent des raviffeurs féroces. Non contens de renverfer des villes, ils ravagèrent & détruifirent des royaumes entiers ; ils fubftituèrent de nouvelles nations à celles qu'ils avoient vaincues, & firent difparoître les ufages, & oublier les noms de celles qui les avoient précédées. Ils en effacèrent jufqu'aux plus légères traces, en élevant de nouvelles habitations fur la cendre des premières.

La fucceffion des fiècles nous préfente une effroyable lifte de ces révolutions. Il faut y ajouter les bouleverfemens inévitables, produits par les tremblemens de terre qui précèdent toujours les éruptions des volcans ; tremblemens où dans une heure vingt villes font renverfées, où leurs débris même difparoiffent avec la furface du pays qui les environnoit. C'eft là le fpectacle terrible qu'offrit fucceffivement pendant des fiècles fans nombre, depuis qu'elle eft fortie du fein des eaux, & qu'elle s'eft préfentée aux regards du foleil, cette Ifle fi délicieufe, fi féconde, fi attrayante, quand elle n'eft livrée ni aux ravages de l'Etna, ni aux horreurs de la guerre.

La Sicile eft déja confidérée dans fa formation & fa population comme une des Ifles les plus curieufes de l'univers. Elle eft auffi la plus étonnante, en ce qu'elle contient à quantité égale de terrain, plus de chofes fingulières & utiles qu'on ne peut en trouver dans aucun autre endroit fur toute la furface du globe. A commencer par fes parties conftituantes, nulle part aucune portion de la terre ne laiffe voir avec plus d'évidence, & d'une manière auffi fatisfaifante, le myftère de fa formation. La variété des matières dont elle eft compofée, eft fi confidérable, que nulle part on ne voit autant de fortes de marbres, de pierres & de métaux, que ceux qu'on découvre dans fon fein. Elle fournit à l'hiftoire naturelle des productions de tous les genres ; nulle part l'agriculture ne trouve un champ plus fertile, une plus riche abondance dans la végétation : cette abondance eft même telle qu'à la fin de chaque année on y recueille de quoi fournir à foixante-trois branches de commerce. Quel autre triangle de soixante lieues, présente à chaque révolution des saisons, des avantages aussi considérables aux échanges, aux manufactures, & à l'entretien de ses habitans? Aucun endroit enfin n'a plus de titres pour être célèbre, sous quelque point de vue qu'on le considère, soit pour le physique, soit pour le moral, pour les arts ou pour l'histoire.

Si les grands volcans sont une des merveilles les plus étonnantes de la nature, la Sicile est encore singulièrement bien partagée à cet égard. Peu de volcans offrent plus d'intérêt, & sont plus imposans que l'Etna. On y jouit de toutes les températures; son sommet est couronné des glaces de la Norvége; sa base la plus étendue vers le midi est brûlée de chaleurs égales à celles de l'Afrique; & la douce température des beaux climats de l'Europe, est généralement répandue dans toutes les parties de l'Isle sur laquelle il domine.

Les établissemens des premiers temps étoient simples, grossiers, & sans art. A différentes périodes, les progrès de la civilisation se font fait remarquer d'une manière sensible. J'ai fait voir dans le cours de cet Ouvrage, ce qui nous reste des grands édifices de l'ancienne Sicile; j'ai saisi ce qui est échappé aux ravages du temps, & ce qui est près de périr par excès de vétusté; j'y ai joint le récit de quelques faits, de quelques grands événemens anciens & modernes; j'ai tracé dans les révolutions successives, la marche du temps; j'ai marqué en quelque sorte l'empreinte de ses pas, dans la profondeur desquels il enfonce par son propre poids, anéantit tout, en précipitant dans les abymes de la terre, les plus grandes & les plus solides productions de la nature & des hommes.

Les travaux du siècle qui succède, font oublier ce que le siècle précédent avoit fait disparoître pour toujours.

Par une marche régulière & constante, le temps exerce sa puissance destructive sur tous les êtres: ainsi chaque siècle fait, pour ainsi dire, autant d'Agrigents, de Sicils & d'Univers, qu'il a été possible à la nature d'opérer de changemens successifs dans les détails. Cette grande vérité n'a jamais été plus frappante qu'en Sicile.

La nature fit le globe sur lequel elle nous a placés; la nature fit aussi les volcans dont elle l'a animé, & qui prouvent sa vie. Ces volcans le pénètrent en tous sens; ils le dévorent, ils l'agitent dans toutes ses parties, & portent à son extérieur, ce qui en remplissoit le sein; & ils reçoivent dans un état de dissolution, & replongent jusque dans ses plus profondes entrailles, tous les corps, tous les êtres, qui avoient pris à sa surface la forme & l'existence.

C'est dans ce bouleversement plus ou moins rapide de la matière, que les substances trouvent ce qui leur est nécessaire pour se renouveler. Le mouvement qui fait périr & renaître tout ce qui existe, est ce que j'appelle la vie où la nature: c'est aussi dans la constante harmonie qui y règne, que l'on doit admirer la grandeur & la puissance de l'Etre suprême, qui préside à tout.

Ces vicissitudes effrayantes & multipliées, sont l'effet d'une loi impérieuse & universelle, qui présente sur tous les points du globe une image de son ensemble.

Mais si quelque chose peut rétablir le calme dans nos esprits, accablés sous le poids de la terreur que produisent ces réflexions déchirantes, cette image de la destruction, sans cesse renaissante à la vue des ruines & des débris des chef-d'œuvres de l'art que la main du temps a renversés, c'est de penser que l'imagination pénétrante d'un artiste éclairé qui contemple ces ruines, peut, en rapprochant par la pensée les fragmens épars, retrouver les caractères, & rétablir l'ensemble des plus grands édifices, par la connoissance qu'il a des convenances.

C'est, pour ainsi dire, courir par un vol rapide sur la marche du temps, & lui arracher ce qu'il veut anéantir; c'est le forcer à restituer des beautés fugitives qu'il nous déroboit, c'est fixer à jamais ces beautés que de les graver sur l'airain, pour en transmettre les charmes aux nations futures.

CHAPITRE QUARANTE-DEUX.

Départ de Girgenti. Embarquement & passage à l'Isle de Malte. Arrivée au Port de la Vallette. Plan des Isles de Malte, du Cuming & du Gose. Passage à l'Isle du Gose. Figure antique incrustée dans la roche au-dessous du Château. Vue d'un reste d'Edifice antique. Vue de la Tour-des-Géans. Plan de cet Edifice, & d'un autre qui n'en est pas éloigné. Costume de quelques personnes de cette Isle. Vue d'un endroit qu'on appelle la Saline de l'Horloger.

Départ pour Malte.

J'avois rempli tous les devoirs d'un voyageur, envers les habitans d'un pays où il a fait une longue résidence, & contracté des liaisons particulières : j'embrassai mes amis, & je me rendis au port de Girgenti, où je m'embarquai avec tout mon équipage. Le jour baissoit, le crépuscule annonçoit une très-belle nuit, tout étoit prêt pour le départ, on n'attendoit qu'un peu de vent du nord-est que l'aube devoit amener. Dans cette attente, n'ayant rien à faire, & ne pouvant l'accélérer, je me livrai aux douceurs du sommeil.

L'aurore ne fut jamais plus brillante, l'air plus calme, le temps plus serein, tout présageoit que la journée seroit belle, que le trajet seroit court & agréable. A huit heures du matin nous étions hors du port, & nous abandonnions nos voiles au vent, qui étoit assez favorable. Huit autres navires sortis du même port en même tems que nous, mais pour différentes destinations, formèrent, en s'étendant dans l'espace d'une lieue, une petite escadre, qui, considérée avec le rivage & les montagnes qui bordoient l'horizon, offroit un tableau non moins agréable que varié. Ce spectacle charmant changeoit sans cesse ; il présentoit à chaque instant un aspect nouveau, par le mouvement des vaisseaux, par leur voilure, par la manière dont le soleil les éclairoit dans leur marche. Chacun prenoit une direction opposée ; tous s'éloignoient, & nous-mêmes nous nous éloignions d'eux : & tous décroissant à nos yeux par l'effet de la distance, ne se groupèrent bientôt plus qu'avec quelques nuages qui s'élevoient de l'horizon, & formoient une magnifique scène maritime ; enfin ils se perdirent par gradations, & disparurent entièrement ; on ne vit plus que le spectacle du ciel & de la mer. Quelques vapeurs seulement rompoient l'uniformité & la monotonie de ce grand tableau. Je l'observai pendant quelques temps : le signal du dîné vint m'arracher à cette contemplation, & faire succéder d'autres plaisirs à celui de la vue & de l'imagination.

L'après-dîné, le temps se couvrit d'abord de gros nuages ; bientôt on en vit d'autres s'amoncéder fur ceux-ci ; long-temps avant la fin du jour il pleuvoit, & un vent affreux fouievoit les flots avec violence. Il nous paroiſſoit d'autant plus cruel, qu'il contrarioit directement la marche que nous voulions faire.

Tout l'équipage employoit ſes forces & ſon adreſſe à lutter contre les bourafques qui fondoient ſur nous, & qui lançoient les vagues par deſſus notre navire. Nous étions réduits à louvoyer, parce que le vent nous étoit directement oppofé.

Lorſque la nuit fut tout-à-fait venue, ne voyant rien, & ne ſervant à rien dans la tempête, je me retirai dans la chambre du capitaine ; & mettant un matelas à terre, je me couchai deſſus, m'arc-boutant contre une de mes malles, que je plaçai de la manière que je crus la plus convenable, pour empêcher que le roulis du vaiſſeau ne me fît culbuter ; & dans cette poſition, j'eſſayai de dormir, nonobſtant le tintamare affreux qu'occaſionnoient le ſifflement des vents, le choc des flots qui heurtoient ſans ceſſe le navire, les cris des matelots, & la manœuvre qu'ils faiſoient ſur ma tête.

Mon ſommeil fut quelquefois interrompu ; mais quand je m'éveillai il faiſoit grand jour, & le temps étoit fort beau. A deux heures après midi nous arrivâmes dans le port de Malte.

PLANCHE CCXLVII.

Plan des Isles de Malte, du Cuming et du Gose.

L'entrée du port de Malte reſſemble à une large rue ; elle eſt formée de côté & d'autre par de hauts rochers qui s'élèvent verticalement. On a pratiqué dans ces rochers pluſieurs étages de batteries de canons. Il y en a qui ſont preſque à fleur d'eau, & d'autres qui ſont ſur la crête la plus élevée de ces rochers. Il y a d'autres batteries à différentes hauteurs, de ſorte qu'il eſt impoſſible d'entrer dans ce port ſans la permiſſion de ceux qui le gardent. Voyez cette entrée & le port.

Cette Iſle a environ quatre lieues dans ſa plus grande largeur ſur ſept à huit de longueur. Elle contient deux villes : la plus grande eſt près du port, & s'appelle la Vallette, nom du célèbre Grand-Maître *Jean de la Vallette*, originaire du Languedoc, qui défendit cette Iſle avec aſſez peu de monde, contre la flotte de Muſtapha, Bacha de *Soliman II*. La ville ayant été détruite par le canon des Turcs, on en rebâtit une nouvelle, à laquelle on donna le nom de ce Grand-Maître. Il y a en outre dans cette Iſle vingt caſeaux ou villages, & pluſieurs ports ; celui de la Vallette, compoſé de ſix golfes réunis, eſt le ſeul qui ſoit important. Les autres ſont peu fréquentés.

Près de l'Iſle de Malte on trouve deux autres Iſles : la première eſt l'Iſle du Cuming P ; elle n'eſt pas habitée, il n'y a qu'une chapelle : la ſeconde eſt celle du Goſe, ſituée au N. O. de Malte, & diſtante de quatre milles. Elle eſt très-habitée pour ſa grandeur, puiſqu'elle contenoit environ quinze mille ames dans le temps où j'y étois. Ces quinze mille ames ſont diſtribuées dans ſept caſeaux, & dans le fauxbourg du château, qu'on appelle Rabbato, mot arabe, qui veut dire fauxbourg. Ce château eſt la capitale de l'Iſle, & la réſidence du Gouverneur.

Conſidération ſur l'histoire naturelle des trois Isles de Malte, du Gose et du Cuming.

Je ſuis dans la ferme perſuaſion qu'originairement ces trois Iſles n'ont formé qu'une ſeule & même maſſe de rocher ; qu'elles exiſtoient ainſi ſous l'eau, avant que la mer ſe fût abaiſſée au point de

découvrir les fommets de ces Ifles, & de defcendre au degré où elle eft aujourd'hui.

L'action des eaux de la mer aura enfuite dégradé ces roches qui manquoient de dureté, & cette dégradation les a divifées & éloignées comme elles le font maintenant. Mais à cette époque la partie du Gofe du côté du fud-eft, & qui joignoit le Cuming, s'étendoit en mer confidérablement plus qu'elle ne le fait actuellement. J'ai remarqué que de ce côté la roche fe dégrade facilement par l'action des eaux; j'ai obfervé auffi que la même veine de roches dans la largeur de deux à trois cents toifes fe dirige fur l'Ifle de Malte, en tirant vers le midi, & en paffant fur le Cuming. Cette fuite de roches eft une lapidification qui a été interrompue lors de fa formation: elle eft d'une nature telle que cette pierre eft toute concaffée, comme par un retrait, & pour peu qu'elle foit dégradée au pied & qu'elle manque d'appui, elle croule dans la mer.

J'ai marqué fur la Carte de ces Ifles, par une teinte obfcure, l'étendue & la marche de cette veine de mauvaife roche. Elle paffe depuis toute la partie orientale du Gofe jufqu'à la partie occidentale de Malte, en occupant une partie de l'Ifle du Cuming.

Ainfi l'Ifle du Cuming diminue fans ceffe vers le couchant, & fera réduite à l'état d'écueil dans quelques fiècles: elle deviendra femblable à une multitude d'autres qu'on voit, les uns à fleur d'eau, les autres à différentes profondeurs, dans le canal entre ces trois Ifles, comme l'atteftent les rochers Q R, qui, féparés aujourd'hui de cette Ifle, en faifoient partie il n'y a pas long-temps.

Le côté de l'Ifle du Gofe au couchant, eft une belle roche compacte, non pas par-tout homogène, mais qui a de la confiftance & de la folidité.

La partie du nord de l'Ifle du Cuming eft très-curieufe pour un naturalifte. Il y a beaucoup d'endroits qui reffemblent à des faifceaux de menus rofeaux, ou de tuyaux de pipes de couleur rougeâtre, unis enfemble, & entaffés en grandes maffes, les unes perpendiculaires, & les autres inclinées.

J'ai obfervé que la roche de l'Ifle du Gofe eft une efpèce de minéralifation ou lapidification d'un genre fingulier & très-curieux, du moins à plufieurs égards. Premièrement en ce que les parties fupérieures de cette roche, les montagnes qui s'élèvent dans toute l'étendue de cette Ifle (voyez la Carte), fe dégradent facilement: elles ont toutes la forme, fur le plan, d'un cercle, ou de plufieurs cercles confondus enfemble. Elles ont en maffe l'afpect d'un cône tronqué, parce que leur fommité eft plane, du moins pour la plupart. Secondement, en ce que la roche qui forme ces monticules eft tellement fpongieufe, qu'elles ont toutes des fontaines à différens degrés d'élévation; quelques-unes en ont tout près de leur fommet.

Celle de ces montagnes ou collines fur laquelle eft le cafal, ou bourg de Zebuccio, n'a pas en largeur deux cents toifes de fuperficie à la fommité. Elle en a peut-être fept à huit cents de long du midi au nord. Là j'ai vu trois fontaines placées de manière qu'il n'y avoit pas plus de trente, de quarante ou de cinquante pieds entre elles & la partie la plus élevée du rocher qui les furmontoit; je fuis même entré dans une grotte très-haute, dont le plafond dégouttoit perpétuellement. On étoit au dix-huit d'octobre, & il n'avoit pas encore plu de l'automne. La roche qui forme ce plafond eft à huit ou neuf pieds de l'extrémité fupérieure de la montagne.

L'examen de cette montagne, & celui de plufieurs autres, qui ont auffi plufieurs fontaines à différens degrés d'élévation, & tout près de leur cime, ont achevé de me perfuader que la difpofition des pores de cette roche, & celle de fes parties conftituantes, lui donnoient la propriété d'afpirer les vapeurs de l'atmofphère, de les réfoudre en eau, & de laiffer enfuite échapper cette eau par différentes iffues qui forment des fontaines plus ou moins abondantes. Je crois fur-tout en avoir trouvé une preuve dans un quartier de rocher près du port Miggiaro, appelé *Saffo de S. Paul*.

J'ai déja obfervé que la roche de ce côté de l'Ifle fe détruit facilement par la dégradation que lui caufe l'action des eaux de la mer. Or, ce rocher de S. Paul eft tombé des parties fupérieures; il eft resté dans sa chute suspendu par ses pointes, qui se sont posées sur des pierres de la même espèce que lui, & qui le retiennent en l'air, élevé de sept ou huit pieds seulement au-dessus des vagues ordinaires, ce qui paroît un miracle continuel aux habitans de ces Isles. Il est gros environ comme les deux tiers d'une toise cube. On m'a conduit à ce soi-disant prodige, qui, par un autre miracle non moins continuel, laisse échapper sans cesse des gouttes d'eau par son extrémité pointue & inférieure. Il est évident que cette pierre poreuse attire de l'humidité de l'atmosphère, qui dans cet endroit est très-chargée de vapeurs, par les pertes que l'évaporation occasionne en ce lieu à la mer. Ces vapeurs aspirées par ces rochers, se résolvent en eau; ces eaux se réunissent par leur poids à la partie la plus basse du rocher, & tombent goutte à goutte. Voilà ce que le peuple admire comme un miracle produit par la bienveillance de S. Paul. Ces eaux suivent la même loi que celles des montagnes dont je viens de parler.

Le lieu qu'on appelle le Château, est situé sur un rocher isolé qui n'a pas plus de cent cinquante toises de diamètre: il abonde tellement en eaux, que dans une des faces verticales de ce rocher on a creusé un canal depuis le haut jusqu'en bas, où l'on a pratiqué une espèce de bassin dans lequel ces eaux se rassemblent. Ce canal & ce bassin servent de puits pour les gens qui occupent le château, & pour ceux des environs.

Cette Isle du Gose a une collégiale dans ce lieu élevé, appellé le Château: elle est desservie par des chanoines. Il y a aussi une prison dans ce même lieu, & un palais où habite le gouverneur. On n'y compte guère que deux cents habitans. On trouve trois couvens dans cette Isle, un d'Augustins, un de Cordeliers, & un de Capucins.

Chaque casal ou village a sa paroisse, & dans quelques-uns il y a des hermites qui servent à élever les enfans. Ces casals s'appellent Garbo, Zebuccio, Scicara ou Caccia, Nadur, Zeuchia & Sannat. Voyez le plan, pour juger de leur situation & de celle des ports, &c.

Il y a en tout trois tribunaux, un laïque & un ecclésiastique, & un troisième pour l'inquisition. Le laïque juge de toutes les causes civiles & criminelles; l'ecclésiastique, de tout ce qui regarde l'église: celui de l'inquisition n'est composé que d'un chanoine qui renvoie à Malte, toutes les causes qui ne peuvent pas s'y juger sur le champ.

Les productions de cette Isle, dont le terrain est très-fertile, & fournit abondamment tout ce qui est nécessaire à la vie, consistent principalement en coton, en blé & en orge. On recueille une très-grande quantité de coton, montant environ à cinq cents quintaux de rotoli: chaque rotoli pèse trente onces. Dans cet état, le coton est nettoyé de sa graine.

Le blé & l'orge se sèment ensemble & séparément; on n'en recueille que de quoi nourrir pendant trois mois les habitans de cette Isle: il y faut importer sept à huit mille salmes de blé & d'orge pour compléter la provision annuelle qui leur est nécessaire. La culture du coton, du blé, &c. leur rapporte 16 à 18 pour un, jamais moins, souvent plus.

Les habitans du Gose sont si jaloux de leur culture en coton, qu'ils ne veulent pas admettre un arbre sur leurs chemins ni grandes routes, crainte qu'ils ne portent préjudice à ce qu'ils sèment, en attirant les qualités nutritives de la terre par l'extension des racines: ils s'en croient bien dédommagés par l'abondance de leur récolte.

Ce sont les bœufs & les ânes qui labourent la terre: il y a des cas où ils la piochent à un pied de profondeur, pour la renouveler davantage.

Leur charrue est la charrue antique, ainsi qu'en Sicile. Elle s'est perpétuée jusqu'à nos jours, parce qu'on n'a pas cessé d'en faire usage. Je l'ai représentée dans la Vue de la tour des Géans.

On nourrit dans cette Isle une grande quantité de bestiaux pour l'approvisionnement de Malte. La chasse y est, comme à Malte, très-abondante en oiseaux de passage; on y tue aussi quelques lapins. Le pays est totalement découvert.

Figure antique incrustée dans la Roche
entre les deux Portes qui précèdent l'entrée du Château au Gaze.

Les brebis y sont d'une fécondité incroyable. J'ai vu telle brebis avoir quatre agneaux d'une seule portée; & communément cette espèce d'animaux y fait jusqu'à trois portées par année.

Chaque jour six à sept barques portent à Malte des denrées & des marchandises que produit cette Isle. D'ailleurs les loix & les usages sont absolument les mêmes qu'à Malte, dont cette Isle est une dépendance.

Cependant il est remarquable que les hommes & les femmes de l'Isle du Gose sont sensiblement plus grands que les habitans de Malte.

PLANCHE CCXLVIII.

Figure antique incrustée dans la roche qui est au-dessous du Château, entre les deux portes par lesquelles on y arrive.

On parvient à ce château par un chemin incliné qui tourne en partie autour de ce rocher, & on passe par des portes fortes où sont des ponts-levis, & entre lesquelles est aussi un pont de pierres: l'extrémité de ce pont est en face de cette figure antique, lorsqu'on y arrive en montant.

Je l'ai dessiné fidèlement d'après nature, ainsi que tous les accessoires de ce tableau: ils sont tels que je les offre ici.

Après les dernières révolutions de cette Isle, on trouva cette figure de marbre, avec des fragmens d'architecture: on eut soin de les recueillir; & pour conserver ce précieux reste de l'art des Grecs, on la plaça dans une cavité faite exprès à ce rocher, & telle qu'on la peut voir dans cette estampe.

Les historiens de cette Isle, qui parlent de cette figure, la regardent comme une statue de *Junon*. Je n'ai pu savoir sur quoi ils se sont fondés pour avoir une telle opinion. Je n'ai rien découvert dans cette statue qui puisse rappeler l'idée de cette déesse, ni celle d'aucun de ses attributs. Tout ce que je puis dire, c'est qu'elle est fort belle, & d'une excellente exécution: il ne lui manque que la tête, les pieds & les deux mains.

On m'a montré une tête de femme en marbre, coiffée de lauriers, ou de feuilles à-peu-près semblables, qui forment une espèce de couronne: elle est d'une proportion qui pourroit faire croire qu'elle est celle de cette figure. Mais cette tête est toute mutilée; toutes les parties saillantes en ont été abattues, ainsi que le bas du nez, la bouche & le menton: cependant, malgré cet état, elle mérite d'être conservée. Lorsque je l'ai vue, elle étoit chez un tailleur du Rabbato, & toute tachée d'encre.

En arrivant dans le lieu que représente le devant de cette estampe, on avance & l'on tourne à droite, vers l'endroit où l'on voit dans cette gravure, la figure d'une femme couverte d'une mante; & cette route conduit à la seconde porte, qui précède le lieu où est le château. Là, en différens endroits, on voit des tronçons de colonnes en marbre, des chapiteaux, des bases, & d'autres fragmens de différens ordres d'architecture; ce qui, joint à tous les débris semblables qu'on trouve dans le Rabbato, & à ce que dit l'histoire de ce pays, prouve que cette Isle a eu autrefois un grand nombre d'édifices magnifiques.

Dans le voisinage du Rabbato, dans le jardin de Biafi, il y a une grotte antique qui contient une grande quantité de tombeaux, tous taillés dans la roche. On en compte encore environ soixante; ils sont fort larges, & n'ont pas moins de six pieds de long. Ils ont été fort maltraités par le temps,

& sont presque détruits: d'ailleurs ils sont d'un travail très-médiocre, & ressemblent à la plupart de ceux que j'ai vus en Sicile.

Cette grotte à tombeaux, & les beaux débris que j'ai vus au château, tant en architecture qu'en sculpture, confirment encore ce que dit l'histoire des différentes nations qui ont habité cette Isle. On reconnoît toujours dans ces débris les travaux des tems où les arts ont été en honneur, & ceux des tems où ils sont tombés en décadence, & tout y prouve que ces lieux ont eu de la célébrité.

PLANCHE CCXLIX.

Vue d'un Edifice antique de forme circulaire.

J'allai ensuite du château au casal de Caccia, pour y voir différens restes de monumens antiques. On me conduisit d'abord vers une grande enceinte près de la tour des Géans. La grandeur, la forme, la construction de cette enceinte, tout en est intéressant, & sur-tout imposant par le caractère colossal qui affecte d'abord le spectateur. Cet édifice est construit avec de très-grandes pierres, qui sont posées alternativement, une dans la longueur du mur, & l'autre dans sa largeur: la première sert à former l'épaisseur de ce mur circulaire, & la seconde excède cette épaisseur, en s'avançant à l'extérieur de ce mur. Voyez le plan A dans la planche CCLI.

Deux grandes pierres de dix-huit pieds de haut, forment les deux côtés de la porte; elles sont de six pieds d'épaisseur, & servent à marquer aussi l'épaisseur de ce mur. Elles ont environ quatre pieds de largeur, & sont distantes l'une de l'autre de sept à huit pieds. Ces pierres paroissent avoir été si peu taillées, & elles sont si peu droites, que toutes ces mesures ne sont que des à-peu-près. Il y a des espèces de marches formées par la roche sur laquelle cet édifice est fondé, tel qu'on le voit en E. au plan.

Le plan achèvera de faire connoître cet édifice, singulier par sa grandeur, par sa forme & par les matériaux qui le composent. On trouve encore du côté du nord de cette Isle, des portions de murs dans le même goût.

A 150 toises vers le levant, il existe un beau reste d'édifice de ce même genre de construction.

PLANCHE CCL.

Vue d'un Edifice antique, appelé vulgairement la Tour des Géans.

Cette tour des Géans n'est que le reste d'un édifice que je crois de la plus haute antiquité; je le crois tel, à cause de la grandeur des pierres qu'on a employées dans sa construction. Il est certainement antérieur aux édifices que les Grecs construisirent dans cette Isle; ainsi je ne balance pas à remonter à l'époque des Phéniciens, pour trouver la date du tems où on l'a élevé. Il est de la même construction que les monumens dont j'ai parlé dans le trente-quatrième chapitre, & qui est particulière à ce peuple.

C'est la grosseur de ses pierres qui lui a fait donner par le peuple le nom de la tour des Géans. Le dessin que j'en donne ici fera connoître suffisamment la singularité de ce genre d'édifice.

D'abord on commençoit à poser de champ, immédiatement sur la roche, des pierres de huit, neuf ou dix pieds de long, dont la partie la plus étendue faisoit la face extérieure du bâtiment; & souvent une pareille aussi mince, appliquée contre celle-ci, en faisoit la face intérieure, telle que l'on en voit en AA. Ensuite on posoit à côté une pareille pierre, mais en sens opposé: de sorte que sa plus grande étendue étoit en travers le mur, & sortoit en dehors de tout l'excédant de sa longueur sur la lar-

Vue d'un Édifice antique
située près la Tour des Géants, dans l'Isle du Giave

Reste d'un Édifice antique apellé vulgairement la Tour des Géants.

Coeffures et Costumes de quelques hommes et Femmes de l'Isle du Gore.

Plan de deux Edifices antiques a et b

geur de cette premiere assise, ce qui formoit un pilier buttant, tel qu'on le voit en B., & donnoit de la solidité à cet édifice; car on élevoit ainsi toute la premiere assise de ce mur, en posant alternativement tantôt deux pierres & tantôt une seule, en sens contraires, pour former toute l'épaisseur de ce mur.

Ces pierres de la premiere assise, telles qu'on les voit aujourd'hui, ne présentent aucune face qui paroisse avoir été taillée, ni rien qui fasse voir qu'elles aient été liées par du mortier ou du ciment. Les assises qui sont au-dessus sont posées avec une sorte de régularité, sans qu'elles soient fort scrupuleusement taillées; elles ne sont ni posées, ni allignées soigneusement. Elles sont telles que je les représente.

Ces murs avoient cinq à six pieds d'épaisseur. Il est à présumer que les maçons de ces tems antiques avoient quelque mortier ou stuc avec lequel ils remplissoient les vides des joints & des lits de ces pierres pour terminer les murs & pour fixer la situation de ces pierres d'une maniere solide, qui les a conservées depuis tant de siecles dans l'état où elles sont encore. Cependant je n'en ai pu trouver le moindre indice, ou bien l'irrégularité apparente de ces pierres seroit l'ouvrage du tems qui les auroit ainsi disjointes, & elles n'auroient été taillées que comme celles de l'édifice de Chefalu, que j'ai fait connoître dans le huitieme chapitre.

La forme de cet édifice se verra dans la planche suivante.

PLANCHE CCLI.

Plan des deux Edifices représentés dans les deux Planches précédentes. Coiffures et Costumes.

Les deux plans représentés au bas de cette estampe, sont essentiels, pour avoir une idée juste de la forme, de l'étendue & des détails, dont j'ai donné ci-dessus les vues extérieures.

Le premier, A, est celui du bâtiment gravé dans la planche CCXLIX. Il est parfaitement rond, & a vingt-deux toises de diametre. J'ai eu soin de marquer les dispositions des pierres énormes qui forment cette enceinte. Elles sont, comme je l'ai déjà dit, placées de maniere qu'il y en a toujours alternativement une droite & une en travers, qui excede le mur à l'extérieur, & qui fait un pilier buttant; ensuite deux autres assez souvent forment l'épaisseur du mur, & ainsi de suite, comme on peut le voir dans le dessin, aux lettres C, D. J'ai découvert par mes observations, que cette enceinte de vingt-deux toises avoit été divisée autrefois par des murs dont on trouve encore des indices en plusieurs endroits; voyez II. L'entrée en étoit en E; elle étoit fermée par deux grandes pierres, comme je l'ai dit. Il paroît que cette enceinte n'étoit qu'un assez grand enclos qui renfermoit quelques maisons.

Le plan B, est celui de l'édifice représenté dans la planche CCL. Il nous représente un édifice d'un genre particulier, dont la forme & les détails n'appartiennent à aucun des édifices qui nous sont connus. La grande niche seroit-elle un sanctuaire, & le lieu B la nef d'un temple dont la porte auroit été placée en face de cette niche, & exposée à l'Orient ? Les angles arrondis donnent à cet édifice un caractere & un air de recherche qui, d'abord, m'ont donné l'idée qu'il pourroit avoir été un temple. Dans cette hypothese, l'endroit indiqué par la lettre G auroit été pour ce temple ce que nous appelons dans nos églises la sacristie, lieu où l'on dépose les choses nécessaires au culte de la Divinité qu'on y adore. Il indique une salle voisine H, dont la forme étoit circulaire; à quoi servoit-elle ? Je n'ose hasarder de conjecture. Rien n'annonce ce qu'a pu être cet édifice. Les deux pieces B G ont treize toises de grandeur, sur vingt deux œuvres en totalité. Tout l'ensemble de ces murs est grand, & devoit être important. L'époque de la fondation doit être renvoyée à un tems &

à une nation qui ne faisoit pas de petites choses. Les ouvrages des Grecs n'ont pas cet air colossal.

Aujourd'hui ce lieu n'offre qu'un monceau de pierres informes, où il a fallu l'œil de l'artiste pour y reconnoître des murs & des directions régulières.

Ce genre de construction appartenoit à une nation qui a demeuré en Sicile ; nation qui, quoique grossière, avoit, dans l'art d'employer les pierres, des talens mécaniques, aussi bien que pour les transporter. Mais quelle étoit cette nation ? Je la crois, comme la précédente, fort antérieure aux Grecs. Je crois que le goût d'employer de si grandes masses, ne peut être attribué qu'aux Phéniciens qui les ont précédés. Les Grecs avoient dans leurs édifices une exécution & un goût plus parfait. Ils avoient une précision & une exactitude si excellente dans l'art de tailler & de poser les pierres, que les Romains mêmes ne les ont pas égalés à cet égard.

Je citerai de plus grands ouvrages encore, en décrivant l'isle de Malte. Ces Isles ont été, je crois, remplies d'édifices de ce genre. J'en ai vu des restes, & même en très-grandes parties, par-tout où j'ai été. Je crois qu'il y en a eu dans bien des endroits où l'on n'en voit plus, parce qu'on les a détruits pour en former de nouveaux.

Ce lieu & ses environs présentent de tous côtés des restes d'édifices du même genre.

Le peuple de ce pays admire une grande pierre détachée de la roche sur laquelle elle est encore, & soulevée par une de ses extrémités, quand on la frappe elle rend des sons, & le peuple croit qu'elle est le reste d'une merveille qui fut autrefois dans ce pays. Cette pierre n'a rien d'extraordinaire ; elle fut destinée à être employée dans la construction de quelque édifice du genre de ceux que je viens de décrire ; car c'est la nature de cette roche qui a suggéré le moyen de faire ces énormes constructions. Cette roche, qui est assez compacte, se délite par couches horizontales de trois à quatre ou cinq pieds d'épaisseur dans une grande étendue, & se fend perpendiculairement en tous sens. Ce sont ces morceaux irréguliers qu'on a pris & employés à-peu-près tels que la nature les offroit, ou du moins il semble que ces constructions ont été faites ainsi.

Il croît sur ces vieux édifices beaucoup d'orseille qui a jusqu'a trois pouces de hauteur. Les gens du pays en font un grand usage pour la teinture.

J'ai mis des figures dans cette même planche où j'ai gravé les plans de ces deux édifices. L'une a pour objet de faire voir la coiffure de quelques habitans de ces Isles, où j'ai cru appercevoir l'origine du turban Africain ; ce sont des bonnets de laine tout simples : quelques hommes, sur-tout ceux qui sont âgés, lient ces bonnets avec une petite écharpe autour de la tête, pour y ajouter un ornement, ce qui leur donne une légère apparence de turban, & ce qui fait la transition de notre coiffure à celle des Africains, comme cette Isle fait le passage d'un continent à l'autre.

L'autre figure n'est pas moins singulière ; j'ai fait à l'instar des femmes que j'ai vues ainsi coiffées dans la campagne, à cause de la poussière qu'on y respire, & dont il s'agit de se défendre. Elles s'en garantissent en se couvrant la bouche avec le même mouchoir dont elles se coiffent, & qu'elles nouent par derrière le col. Cet usage se pratique aussi en Turquie.

Je profiterai de cette figure pour faire connoître de quelle manière sont corsées certaines femmes de cette Isle que j'ai vues ; elles ont des corsets qui ne montent que jusqu'au dessous de la gorge, & qu'elles serrent de manière que la gorge en sort en totalité ; mais elles la recouvrent par un ample & simple tour de gorge, bien transparent, qui ne la cache pas entièrement. Il s'attache de chaque côté en faisant deux ou trois petits plis. L'effet n'en est pas désagréable. Les coquettes, sans blesser la pudeur, y trouvent un grand profit pour leur amour-propre ; j'ai vu de jeunes Grecques habillées avec ce corset, & une simple gaze pour tour de gorge ; ce qui avoit infiniment de grace : elles étoient ainsi dans la maison.

J'observerai, à propos de cet ajustement, qu'en général la population de cette isle est fort belle. Je
visitai

Cases de la Saline de l'Orloger.   Pl. CCXII.

Vue de la Gerbe
qu'a produit le Puits de la Saline de l'Orloger, dans l'Isle du Coze.

visitai quelquefois la fontaine publique de l'Anonciata près du Rabbato, & quelques autres qui sont dans le voisinage. On y a construit de fort beaux lavoirs. Toutes les femmes & les filles des environs y viennent, ou pour laver leur linge, ou pour puiser de l'eau. J'ai remarqué une très-grande quantité de filles & femmes fort jolies, qui m'ont confirmé dans l'idée, que j'avois déja conçue, de la beauté des habitans de cette Isle.

Ce qui m'avoit donné cette idée, c'est le spectacle dont je jouissois tous les soirs en revenant de faire mes tournées d'antiquaire ou de naturaliste, monté sur ma Jeannette. En traversant les champs, en dirigeant mes pas vers le logis, je rencontrois des compagnies de paysans & de paysannes, qui portoient sur leurs têtes des sacs de coton qu'elles venoient de recueillir. Toutes ces troupes paroissoient bien portantes, bien saines, & sembloient gaies & satisfaites de leur journée. Les femmes surtout avoient l'air de jouir du triomphe qu'elles avoient remporté par leur travail sur l'ingratitude du sol. Leur démarche annonçoit la joie, & elles ne prenoient aucun soin pour emprisonner & pour dérober scrupuleusement aux yeux les charmes un peu saillans que la nature a donnés à leur sexe. Là, comme ailleurs, les plus belles étoient les moins scrupuleuses. Leur bras étoit élevé en l'air pour tenir en équilibre le fardeau qu'elles portoient; cette attitude développoit leur taille naturellement élégante, & augmentoit les graces dont les a douées la nature. Elles étoient suivies la plupart de quelques troupeaux de moutons ou de chèvres : mais ces troupeaux étoient peu considérables.

Pendant que j'étois dans cette Isle, je fus visiter la saline de l'Horloger ; elle est située entre le nord & le couchant à l'occident de la montagne de Zebuccio, où continue la vallée qui conduit au bord de la mer. On arrive là sur une longue étendue de rochers planes, doucement inclinés vers le rivage, jusqu'à environ quarante pieds au-dessus du niveau de l'eau, & alors cette roche devient tout-à-coup taillée à pic.

PLANCHE CCLII.

Plan et vue de la Saline de l'Horloger.

Il y a aujourd'hui, en 1788, environ treize à quatorze ans, qu'un horloger de Malte étoit propriétaire de cette étendue de rochers : il imagina d'y former une saline en y creusant des cases & en y introduisant l'eau de la mer. Il se flattoit que la chaleur du soleil feroit évaporer cette eau, & qu'elle y déposeroit un sel, qui ne lui coûteroit presque rien, & lui procureroit un assez grand bénéfice.

Ces cases qu'il creusa au lieu marqué D, vers la partie méridionale de la roche, sont voisines d'un endroit où la nature a pratiqué un espèce de vallon B entre les rochers, & où la mer s'avance à tel point qu'il crut, qu'à l'aide d'un moulin & de godets attachés à une chaîne, il pourroit tirer l'eau comme d'un puits, l'élever à cinquante ou soixante pieds de hauteur & la conduire par un canal dans ses cases D.

Il voulut exécuter son projet, & il trouva plusieurs obstacles : il songeoit à les surmonter, lorsqu'en examinant les environs, il s'apperçut qu'il y avoit une grotte sous ce rocher, grotte dont la profondeur s'étendoit très-loin, & au-delà de l'endroit où il avoit creusé ses cases. Il résolut de percer le rocher perpendiculairement & de faire près des cases D un puits E, par lequel il puiseroit l'eau avec de simples seaux, mus par une roue qu'une âne feroit tourner. Ce projet bien conçu, parut sensé & fut exécuté promptement, par un nombre suffisant d'ouvriers qu'il employa pour aller plus vite. Il put bientôt puiser l'eau de la mer, il en remplit ses cases, & de temps en temps il venoit voir l'effet de l'évaporation : d'abord qu'il s'apperçut que l'eau de ses cases diminuoit, il se hâtoit de les remplir, & il croyoit multiplier la quantité de sel qu'il devoit recueillir. Mais quelle fut sa surprise quand enfin il découvrit que cette eau se perdoit, non parce qu'elle s'évaporoit, mais parce qu'elle étoit abſorbée par la roche ſpongieuſe, qui la rendoit enſuite, par l'infiltration, à la mer d'où elle avoit été tirée. Il fut long-temps à s'en appercevoir: ce ne fut même qu'en voulant ramaſſer le ſel, qu'il connut ce qui étoit arrivé. Au fond des caſes la roche s'étoit diſſoute, par l'acide du ſel, & il ne recueillit qu'une bourbe épaiſſe. Le chagrin, non-ſeulement d'avoir été trompé dans ſes eſpérances, mais encore celui d'avoir conſommé en frais, par cette entrepriſe, tout le bien qu'il avoit, le firent tomber dans une maladie de langueur.

Cependant la ſaiſon avançoit: le ciel ſerein, la mer tranquille, les doux zéphyrs dont on jouit dans les beaux jours, ſe changèrent à la fin en un ciel orageux, en une mer agitée, en tourbillons impétueux; les vagues chaſſées par les vents s'accumulèrent dans cette grotte, & les vents & les flots engouffrés dans cet endroit, à-peu-près circulaire, furent forcés de prendre un mouvement de rotation qui forma une trombe, & qui ne trouvant plus d'iſſue que par le puits nouvellement creuſé, s'élança avec force & forma en l'air une gerbe d'eau ſuperbe, dont la groſſeur égaloit toute la largeur du puits, & qui s'élevoit à plus de ſoixante pieds de hauteur, en prenant la forme d'une aigrette magnifique. La rapidité avec laquelle elle jailliſſoit, ne permit pas aux vents de la courber avant qu'elle fût parvenue à-peu-près à toute la hauteur où la portoit l'impétuoſité que le mouvement lui avoit imprimée. Mais quand elle y fut parvenue, alors les vents s'en emparèrent, la briſèrent, la diviſèrent & emportèrent au loin les parties aqueuſes qui la compoſoient; ils allèrent inonder les terres de tous côtés, à plus d'un mille de diſtance, d'une pluie abondante & ſalée, qui détruiſit la végétation, & qui ravagea des campagnes cultivées avec ſoin; il ſembloit que le feu y avoit paſſé.

Avant l'ouverture de ce puits, un tel effet ne pouvoit arriver; la réſiſtance de l'air, enfermé dans cette grotte, empêchoit les vagues de s'y accumuler & les vents d'y entrer, l'air & les flots y demeuroient en équilibre. L'ouverture de ce puits, en donnant un paſſage à l'air, avoit rompu cet équilibre & permis aux flots de s'aſſembler dans la grotte, en leur procurant un iſſue funeſte aux habitans de cette Iſle. Ils intentèrent un procès à ce malheureux horloger; ils lui demandèrent des dédommagemens énormes, qu'il n'auroit jamais pu payer: ces demandes accrurent tellement ſon chagrin & ſa maladie qu'il en mourut. Il fut tiré d'affaire, mais les cultivateurs ne le furent pas. Ils eſſayèrent de boucher ce puits avec des pierres, & ils y parvinrent facilement: mais on eut alors un autre phénomène; les flots raſſemblent une grande quantité d'air, qu'ils compriment avec force au fond de la grotte; cet air ſe dilate & les repouſſe à ſon tour avec des exploſions terribles, qui font trembler tout le rocher & toutes les terres qui l'environnent. Le bruit épouvantable que fait chacune de ſes exploſions, retentit tant en dehors que dans l'intérieur de cette grotte, & dans les grottes voiſines, & reſſemble à des décharges de canon de différens calibres, qui ſe ſuccèdent rapidement; les échos d'alentour qui les répètent produiſent un effet ſemblable à celui du tonnerre, ou même de pluſieurs tonnerres qui ſe heurtent enſemble. On en eſt épouvanté, & l'on craint à tout moment le bouleverſement total des rochers ſous leſquels on entend gronder cet orage continuel lorſque les vents ſont violents.

Ce bruit effroyable eſt continuel tant que le puits eſt comblé. Mais lorſque le mouvement impétueux des vagues comprimées dans cette grotte a un peu ébranlé les pierres qui ſont au fond du puits, elles agiſſent alors plus fortement ſur elles, elles les ſecouent, les briſent, les réduiſent en poudre, & les précipitent au fond des flots; l'abſence de ces premières pierres, occaſionne la chute de toutes les autres; le puits devient libre entièrement, la gerbe d'eau ſe reforme, s'élève, ſort de nouveau, & ſe répand dans les campagnes déſolées. Lorſque j'étois dans cette Iſle, en 1777, le puits venoit d'être comblé pour la troiſième fois, & on craignoit qu'il ne ſe rouvrît bientôt.

Vue de l'écueil aux Champignons.

CHAPITRE QUARANTE-TROIS.

L'Ecueil aux Champignons; Voyage autour de l'Isle du Gose; Carrière d'albâtre & curiosités naturelles de cette Isle, &c. Retour à l'Isle de Malte; Description & représentation d'une partie du Port de Malte, qu'on appelle la Barrière & le Bureau de la Santé, relativement à la quarantaine. Restes d'un Temple Grec consacré à Hercule; Port de Marsasirocco & ses environs; Tour de la Giauard; Débris d'Architecture; Vase de la Bibliothèque publique; Vase étrusque & Bas-reliefs de la Galerie du Grand-Maître; Costume des Femmes de Malte.

PLANCHE CCLIII.

Vue de la Roche isolée, appelée l'Ecueil aux Champignons.

A L'OCCIDENT de l'Isle du Gose, on voit, non loin du rivage, une portion de rocher isolée : elle paroît exactement telle que je l'ai représentée dans cette estampe. Elle est éloignée du rivage d'environ quarante ou cinquante toises : dans l'endroit où ce rivage se rapproche le plus de cet écueil, il s'abaisse jusqu'à peu de distance de la mer. A la sommité d'une petite portion de rocher sont attachés deux cables très-forts, qui, par leur autre extrémité, viennent toucher l'écueil, où ils sont aussi arrêtés ; de ces cables pend une grosse caisse A, semblable à celles dans lesquelles on plante les orangers. Ces cables sont passés dans des poulies attachées aux quatre angles supérieurs de cette caisse, qui peut contenir un ou deux hommes : en tirant un troisième cable, moins tendu, ces hommes font rouler les poulies sur les deux autres cables & avancer la caisse ; ainsi ils passent facilement de la rive à cet écueil, ou de cet écueil au rivage, comme on peut le voir par la représentation que j'en ai faite dans cette estampe, où j'ai placé plusieurs figures qui paroissent regarder attentivement cette manière de passer l'eau.

Les gens qui font ordinairement ce trajet, ne passent que pour aller chercher sur cet écueil des champignons d'une espèce particulière.

La récolte n'en est plus libre ; le Grand-Maître s'en est réservé la distribution : il fait même fermer à clef le passage ; il charge une personne de confiance d'en faire la récolte, & de les conserver avec précaution.

TOME IV.

VOYAGE PITTORESQUE
Description du Champignon de Malte.

On prétend que cette espèce de champignon ne fut découverte, pour la première fois, qu'en 1674; qu'aucune tradition n'en rappelle une date plus éloignée.

On le voit paroître dans les mois de décembre & de janvier. Quelquefois il vient seul : quelquefois plusieurs sont groupés ensemble, & même en très-grand nombre, mais ils tiennent toujours à la roche par de fortes racines. Ce champignon croît jusqu'en avril ; c'est l'époque de sa maturité : alors, il a six ou sept pouces de haut. Il est tout écailleux, de forme conique, blanc & mêlé de différentes couleurs. Sa substance est charnue, & plus dure que celle des champignons ordinaires. Elle est un peu mucilagineuse, d'une saveur styptique & amère. Il prend, en se séchant, la couleur du grenat. Il laisse dans sa maturité, sur la place où on le cueille, quelque germe qui produit dans le mois de septembre une grande quantité de nouveaux champignons. C'est ainsi qu'il se reproduit deux fois l'année, sans aucune espèce de culture. La nature seule, en le produisant, lui a donné, comme à tous les autres êtres, le moyen de se régénérer sans secours étranger.

Ce champignon est fort estimé pour ses qualités médicinales. C'est un remède astringent & corroboratif. On l'emploie avec succès dans les pertes, dans les crachemens de sang, dans les hémorrhagies, les dyssenteries, les flux hémorrhoïdaux, & autres accidens du sang.

Les propriétés importantes & rares de ce champignon le font soigneusement rechercher. Le grand-Maître de Malte se réservant le soin de la récolte, en fait distribuer aux Chevaliers, aux hôpitaux de Malte, & aux personnes de l'île qui sont incommodées : & il en envoie en pays étrangers aux malades qui peuvent lui en faire demander.

Pour faire mes observations dans cette île du Gose, j'étois monté sur un âne, dont l'allure fort leste étoit pour moi bien plus commode que n'eût été celle d'un cheval, ou que toute autre voiture. J'en descendois & je remontois dessus avec une égale facilité ; sa marche sûre & prompte ne me laissoit rien à désirer : elle étoit dirigée par un bon guide. Ces sortes d'animaux sont d'un fort grand usage dans cette île aussi bien qu'à Malte ; & en raison de l'excellence de leur espèce, on les emploie très-utilement dans un très-grand nombre d'occasions. On les appelle communément *Jeannettes*.

A ce sujet, je dirai que, monté sur ma Jeannette, je passai au Cazal-Zebuccio, pour y visiter une espèce de carrière d'albâtre qu'on y trouve. Elle est située à l'occident de ce casal, dans le sein de la montagne.

A très-peu de toises au-dessous du sommet de cette montagne, on n'apperçoit autre chose que de grosses pierres détachées les unes des autres, qui sont enfoncées en pleine terre. Le propriétaire de ce lieu fait enlever cette terre, il en dégage des portions de ce rocher d'albâtre, & les fait scier sur la place même où elles sont. En faisant cette opération, on examine la couleur des veines qui s'y rencontrent, on les scie de manière que ces veines produisent aux surfaces le plus bel effet possible. On en fait des tables, on les transporte en cette forme, à dos de mulet, dans les ateliers. Là, on les polit, on les contourne comme l'on veut.

Il y a deux carrières de cette espèce tout près l'une de l'autre. Cet albâtre est gris, jaunâtre, & il a quelquefois de beaux accidens bruns & de belles veines d'un beau blanc, semblables à du lait caillé ; il est très-dur. On y trouve aussi de très-gros blocs qui ressemblent à de l'écaille de tortuë, & dont les veines sont d'une couleur brune pareille à celle des châtaignes. Il est transparent, prend un beau poli.

Je suis persuadé que si on fouilloit ce terrain, on y trouveroit de fort beaux morceaux à une très-grande profondeur.

J'ai observé l'extérieur de quelques morceaux de cet albâtre. Il y en a qui semblent être des por-

DE SICILE, DE LIPARI, ET DE MALTE.

tions de fûts de colonnes groupés ensemble , avec ces espèces d'articulations guillochées qu'on remarque dans les stalactites, & qui indiquent leur degré d'accroissement. D'un autre côté, on voit adhérer à ces masses d'albâtre, des morceaux de roches qui sont d'une nature différente de celle de la montagne qui les contient.

Il y a aussi des morceaux de roches qui sont simplement vernis ou glacés de la matière qui a produit l'albâtre, & qui même est cristallisée par aiguilles formant des étoiles très-agréables.

Ces particularités me déterminèrent à faire ici quelques réflexions sur la manière dont se forment ces pierres, & sur les causes qui les ont placées en ce lieu élevé, à la sommité d'une montagne. C'est encore une circonstance qui confirme ce que j'ai déja dit de la formation de la Sicile, & qui peut s'appliquer à la formation de l'île de Malte. Les albâtres sont , comme on le sait, des corps secondaires, produits par l'assemblage & l'accumulation des sucs qui ont filtré à travers les masses de roches élevées au-dessus des cavités où ces sucs se rassemblent en quantité plus ou moins considérable. Ces sucs distillés lentement, arrivent encore liquides dans les grottes ou dans les filons où ils pénètrent, & là ils se coagulent, & forment des amas de matières de diverses grosseurs, soit au plafond, aux parois ou sur le sol de ces grottes : ils s'y configurent de toutes les manières qui sont propres aux stalagmites, aux stalactites, & quelquefois elles produisent un simple glacis sur certaines parties du rocher. Dans cet état, ces sucs se durcissent en perdant toutes leurs parties aqueuses, & ils adhèrent aux corps qui les reçoivent ; ils s'y attachent fortement, & en font leur base & leurs points d'appui.

Les albâtres varient beaucoup, & ont des qualités fort différentes. Il y en a qui ne font que peu d'effervescence avec les acides : ce sont ceux qui participent des qualités du gypse. Les autres qui abondent en parties calcaires , font , avec les acides , des effervescences plus promptes. Ceux de Malte sont dans ce cas ; leur cristallisation & leur rupture sont aussi différentes des autres.

L'abondance plus ou moins grande des fluides différens qui composent ces albâtres , détermine leurs formes : les variétés de couleur & les intermittences qu'on y observe, proviennent de la nature des corps que ces fluides ont mis en dissolution. C'est ce qui cause les veines & les nuances différentes qu'on remarque dans ces pierres.

Tout démontre que ces albâtres ne peuvent se former que par infiltration au sein d'une roche, dans une cavité quelconque, qui préalablement y avoit été creusée , n'importe de quelle manière, mais nécessairement à une grande profondeur. Comment se fait-il donc, que ces albâtres soient aujourd'hui au sommet d'une montagne, & à découvert?

Leur rupture, l'éloignement où sont l'un de l'autre des morceaux semblables, leur manière d'être renversés & en désordre, nageant pour ainsi dire au milieu du sable, au sein d'une roche différente de celle où ils ont pris naissance , & dont on voit encore des portions qui adhèrent à ces albâtres , tout ce bouleversement explique assez aux yeux d'un naturaliste exercé, la marche de la nature, & l'effort qu'il a fallu qu'elle fît pour transporter ces masses d'albâtre d'une si étonnante profondeur, à la grande hauteur où on les voit aujourd'hui. C'est une preuve physique qu'il s'est fait en ce lieu, mais à une époque inconnue & fort éloignée de nos jours, un tremblement de terre & une très-violente explosion qui renversa la masse énorme de la roche au sein de laquelle étoit la grotte qui contenoit ces albâtres. Ces bouleversemens sont un jeu pour les volcans dans le voisinage desquels se trouvent des cavités , de quelque espèce & profondeur qu'elles soient.

Tivoli près de Rome présente des masses énormes de stalactites , formées aussi nécessairement au sein de la terre, à des profondeurs considérables , & qui sont aujourd'hui la partie extérieure de la roche, dans des endroits très-élevés.

Avant de m'éloigner de ce lieu, je dois parler du couvent où je logeai : une lettre de M. Poussielgue un des capitaines du port de Malte, m'y fit obtenir l'hospitalité. C'est un couvent de Capucins : le gardien me reçut avec honnêteté. La belle disposition & l'ordonnance de l'architecture me frappèrent en arrivant. C'est sûrement l'unique monastère de cet ordre où l'on trouve une si belle entrée : la propreté qui règne dans cette maison ne peut se comparer qu'à celle du couvent de Girgenti. Il y règne un bon goût, une recherche & une élégance qui produit autant de surprise que de plaisir. Les arcades du cloître sont ornées de guirlandes & de vases remplis de fleurs. On les entretient avec soin : si l'on ne voyoit pas les habitans de ce séjour, on se croiroit dans une retraite de sages voluptueux.

Le lendemain du jour où je visitai la carrière d'albâtre, j'allai voir une grotte dont on ne cessoit de me raconter des merveilles. Elle est située à un demi-mille dans les terres, au milieu d'un vallon qui conduit du couvent des Capucins au port S. Paul.

L'entrée de cette grotte est au nord : elle suffit à peine pour y laisser passer un homme. Ce passage étroit a vingt-cinq pieds de longueur. Ensuite on arrive dans une espèce de salle de trente pieds de diamètre ; au milieu est un pilier qui soutient le plafond de cette salle creusée dans la roche.

On trouve au fond deux espèces de corridors qui paroissent s'avancer dans les terres ; mais ils sont bouchés : il me fut impossible d'y pénétrer. Je sortis de cette grotte après m'être bien assuré qu'elle n'avoit aucune particularité qui méritât que j'en fisse le dessin.

Tandis que j'étois dans ce canton, j'allai voir quelques habitations antiques, qui sont dans le voisinage du port S. Paul. Ces habitations ont été creusées dans la roche ; je les trouvai presque détruites par le laps du temps, par l'effet du vent du nord, & par l'acide marin qui abonde en ce lieu. Il ne reste plus rien de remarquable, qu'un cabinet au milieu duquel est une table où pourroient se placer commodément huit personnes : il règne un banc tout au tour. Les autres antiquités de ce genre qui étoient dans les environs, sont maintenant presque entièrement détruites.

J'ai observé près de cet endroit un phénomène curieux. La roche y est configurée de manière qu'à différens dégrés d'élévation, elle présente au-dessus de l'eau de très-vastes parties horizontales, où les vagues arrivent quand la mer est agitée, & il reste de l'eau dans les endroits qui offrent quelque cavité. Ces eaux séjournent, & ne diminuent dans les temps calmes que par l'effet de l'évaporation. En diminuant elles deviennent plus corrosives, par le sel qui est plus rapproché. Dans cet état, l'eau mange la pierre. Mais ce qu'il y a de curieux, c'est que cette eau creuse la roche en rond, en cercles de deux à trois pieds de diamètre, & quatre à cinq pouces de profondeur. Elle ne produit pas un seul creux circulaire, mais plusieurs, comme seroit sur de la cire l'empreinte de plusieurs pièces de monnoies, qui se couvriroient en partie les unes les autres, plus ou moins, mais de manière à laisser paroitre la forme de chacune d'elles. Ce qui fait des parties de cercle comme de petites cuvettes de quatre à cinq pouces de profondeur.

Ce qui m'a paru plus merveilleux encore, & ce qui m'a fait plus de plaisir, c'est de voir le vœu de la nature plus accompli au fond de ces cuvettes, qu'il ne l'étoit par la formation de ces cuvettes mêmes. Elle y creuse d'autres cavités circulaires plus petites & plus régulières, telles que si trois, quatre, cinq ou six pièces de monnoie se rassembloient, & formoient, en se couvrant un peu les unes les autres, l'image d'une rose, dont elles représenteroient les feuilles. J'en ai vu où l'on reconnoissoit deux roses confondues, chacune de cinq à six feuilles. Ces roses avoient trois, quatre à cinq pouces de diamètre, & un de profondeur. Elles étoient pleines de sel : l'eau en étoit évaporée, ce qui manifestoit bien le mystère de leur configuration.

Il est évident que le sel agissant toujours avec plus d'énergie, en proportion de la perte qu'il fait de l'eau où il est délayé, ou de son eau de cristallisation, avoit produit de nouveaux foyers multipliés, dont les résultats étoient plus réguliers. On voyoit de ces roses en différens endroits dans ces grandes cuvettes. Ces divisions, produites par les mêmes principes, avoient toujours dû avoir des effets semblables.

Qu'on

Qu'on ne me demande pas ce que sont devenues les parties de la pierre que le sel a dissoute. L'eau étant évaporée, & la pierre se trouvant dans un état de dissolution, les vents enlèvent ces parties atténuées. Ces vents sont là d'une telle violence, que la roche même cède à leur action.

Le port S. Paul est près de ce lieu comme je l'ai dit: il y a un autre port un peu plus loin : tous deux sont en état de recevoir de petits vaisseaux ; mais ils ne sont pas occupés aujourd'hui ; & de peur que ces ports ne soient surpris la nuit par un débarquement imprévu, on tend une forte chaîne suspendue à fleur d'eau, attachée d'un côté à l'autre de ces ports: elle empêche absolument d'y entrer.

J'allai voir un monument qu'on appelle les *Evêques antiques* : il est dans le cimetière des Augustins au Rabbato. Il ne mérite guère d'être cité, quoiqu'on le vante dans cette Isle comme une chose curieuse. Ce sont des espèces de trophées d'église, composés de mitres, de croix, d'étoles, &c., sculptés en bas-relief ; ils m'ont paru allégoriques & être des attributs de quelque évêque enterré dans ce lieu. Ces bas-reliefs sont incrustés dans le mur, ils ne m'ont rien offert d'intéressant.

J'ai dessiné un petit monument gothique, assez curieux, qu'on verra plus bas avec des débris de l'isle de Malte. Planche CCLXI.

Voyage autour de l'Isle du Gose.

Je partis du port *del Miggiaro*, bien muni de bons mariniers pour conduire la barque dans laquelle je faisois mes observations. J'invite mon lecteur à prendre la carte pour me suivre.

En partant du port, je dirigeai ma course sur la droite, vers le midi & le couchant. Je trouvai à deux milles un petit port où sont les Cataractes dont j'ai parlé. En voguant, peu éloigné de l'Isle, on voit la roche & ses différentes élévations : on traverse de petits golfes ; on voit des antres, des cavernes de toutes les formes & de toutes les grandeurs. Nous arrivâmes à l'écueil des Champignons, dont la roche voisine est taillée à pique ; elle est d'une hauteur considérable. Nous passâmes ensuite tous les caps & tous les golfes grands & petits : & nous vîmes la saline de l'Horloger dont j'ai parlé, près de cette grotte où les vagues se réunissent & semblent se disputer l'avantage d'y faire le plus de bruit. Le temps étoit à-peu-près calme : cependant, le bruit étoit affreux : il faut être bien familier avec cette sorte de spectacle pour en soutenir l'horreur en le voyant de près, & sur-tout en pénétrant au-dedans de ces grottes. Il faut même une âme forte pour jouir de ce tableau effrayant, & s'y accoutumer pendant quelque temps les yeux & les oreilles.

Plus loin, je vis de très-grandes grottes creusées aussi dans la roche : mais elles avoient un aspect bien différent : car la mer y étoit dans le calme le plus parfait. Cependant cette tranquillité inattendue, m'effraya d'abord autant que le tumulte qui m'avoit affecté dans les cavernes voisines : il fallut que la raison vînt au secours des sens & de l'imagination encore toute étonnée par la singularité de ce lieu.

Pendant plus de deux milles au moins, à cette partie de l'isle du Gose, on ne voit que des antres & des roches taillées verticalement, de cent-trente pieds d'élévation au-dessus de l'eau. Ces roches s'enfoncent en mer dans la même direction, à une profondeur immense. La blancheur dont elles sont, les fait discerner facilement dans l'eau de la mer, qui semble très-noire parce qu'elle est profonde, & parce qu'étant exposée au nord, elle est ombragée par le rocher : & comme elle est absolument transparente, elle offre sous la barque qui vous porte, près du roc, un vide, un abyme d'une profondeur horrible, au milieu duquel la barque semble suspendue auprès d'un mur lisse & vertical qui ne présente aucuns secours. On se croit dans un isolement parfait, & soutenu en l'air, comme par enchantement : l'on s'imagine que si la barque manquoit, on seroit une chute épouvantable : l'idée d'être noyé ne se présente pas d'abord, elle ne vient que par réflexion. On n'a pas cette même crainte en pleine mer, parce que le défaut d'objets qui font apercevoir la transparence de l'eau, ne permet pas à l'imagination de s'égarer, comme en ce lieu, où elle cherche au fond de la mer le pied des rochers, qui se confond avec l'eau dans le fort de son obscurité. Dans ces cavernes où l'eau est d'une tranquillité parfaite, l'effet en est encore plus effrayant.

Cependant il y a dans cette Isle une classe d'hommes qui, eux & leurs familles, ne subsistent qu'en s'exposant tous les jours, lorsque le tems est serein, à venir pêcher du poisson autour de ce rocher : ils descendent de sa cime à la faveur de quelques petites aspérités qu'offre le flanc du roc taillé à pic ; & quoiqu'ils puissent à peine y mettre le pied, ils se hasardent par ces dangereux escaliers, & arrivent, à vingt pieds près de la surface de la mer. Là, ils passent quelquefois la journée entière, jusqu'à ce qu'ils aient leur charge de poisson : puis ils remontent comme ils sont venus, au risque de se précipiter mille fois dans la mer. La plupart ne prennent pas de corde pour diminuer le danger, ils ne s'en servent que dans les endroits où il seroit impossible d'y parvenir sans leur secours. On m'a dit que le poisson étoit très-abondant & de très-belle espèce en ce lieu.

Je frémis encore, quand je pense que si le pied glissoit à quelques-uns de ces malheureux, ils seroient infailliblement noyés. Le rocher uni, lisse, ne leur offriroit aucun secours, aucun lieu où ils pussent s'arrêter, & ils ne pourroient atteindre à la nage un port, ou une rive pour se reposer : il n'y en a qu'à une trop grande distance.

De ces rochers, nous nous avançâmes vers le port S. Paul, dont j'ai déja parlé : & nous le passâmes en continuant notre route. La roche n'a pas, auprès de ce port, cette grande élévation. C'est là que commence la roche concassée dont j'ai fait mention. Nous l'avons vue depuis ce lieu jusqu'au port du Miggiaro d'où j'étois parti, & où je reviens après avoir fait le tour de cette isle du Gose.

Je partis ensuite de ce même port pour me rendre à Malte. J'étois dans une simple barque, il étoit tard, la mer étoit grosse, nous avions le vent contraire. Nous voulions arriver avant la nuit. Ce trajet étoit facile à faire en si peu de tems par un beau jour. Mais dans cette circonstance il fallut ramer avec violence : & les mariniers qui me conduisoient, me donnèrent dans ce passage des preuves de courage & de force qui m'étonnèrent plus d'une fois.

Je ne puis passer sous silence ce que j'ai vu de la vigueur & de l'intrépidité des matelots Maltois. Car j'ai eu plusieurs occasions, de leur voir faire des prodiges de force & de hardiesse, dans les petits voyages que j'ai faits autour de Malte & de l'isle du Gose : ce fut sur-tout dans cette traversée de l'une à l'autre de ces Isles que je les vis agir pendant trois heures consécutives, avec la plus grande intelligence & la plus étonnante fatigue, sans jamais un moment de relâche : car il falloit vaincre la violence & la hauteur des vagues. Je les observois, & je les voyois agir avec des efforts pénibles, mais constans ; l'activité & la force de l'action musculaire qu'ils opposoient à l'impétuosité des vagues & du vent, me paroissoient toujours près de succomber. Ils surpassoient par leur travail tout ce que j'avois vu jusqu'alors dans d'autres circonstances. J'étois plus affecté de leurs peines, que du danger ; je ne pouvois soutenir le spectacle de leurs efforts sans éprouver un tourment secret qui m'étoit tellement insupportable, qu'il m'obligea plus d'une fois d'en détourner les yeux, & même de me boucher les oreilles pour ne pas entendre le bruit de leurs rames. Je me disois : Tout à un terme ; & je redoutois celui de leurs moyens. Heureusement celui de leurs travaux arriva auparavant. Je n'ai jamais vu les matelots de la Sicile agir avec autant de persévérance, & montrer autant de vigueur, quoique je me sois trouvé avec eux dans des positions bien critiques, & dans des dangers très-imminens.

Arrivée à Malte.

Je saisis cette occasion de mon arrivée dans cette Isle, pour dire ce qui est d'usage à l'égard de tout vaisseau qui se présente dans son port.

Lorsqu'on arrive à Malte, on est visité & interrogé plus exactement & plus sévèrement encore que dans les autres ports de la Méditerranée, sur-tout lorsqu'on est monté sur un vaisseau qui vient du

DE SICILE, DE LIPARI, ET DE MALTE.

Levant, de la Turquie, des côtes de Barbarie, ou de quelque pays d'où l'on pourroit apporter la peste & autres maladies contagieuses.

Quand j'y arrivai, non pas de l'isle du Gose, mais de la Sicile, il étoit environ minuit : le port étoit fermé, nous restâmes en rade. Ce ne fut que le lendemain matin sur les sept heures, que nous fûmes visités par les Députés de la Santé. Le garde du port de cette semaine (car il y en a deux qui se relèvent alternativement tous les huit jours) s'informa du pays d'où nous venions, de l'époque de notre départ, si nous n'avions pas communiqué avec un vaisseau quelconque; il demande aussi quel entretien on a eu avec ce vaisseau, combien de tems on est resté avec lui, en quel endroit on l'a rencontré. Si ce vaisseau est Levantin ou Barbaresque, il faut, si l'on en a reçu quelque chose, faire une quarantaine qui est plus ou moins longue selon que cela paroit susceptible de malignité. Il faut absolument tout dire, tout déclarer, parce que l'examen éclaircit tout, & que si l'on cachoit quelque chose de quelque importance, le procès est tout fait, & l'on risque d'être pendu.

Le Capitaine du navire communique au capitaine du port la patente qui confirme la déclaration qu'on a faite; il examine si l'état du vaisseau, le nombre des passagers, des matelots, des marchandises, est conforme à la patente. Si l'on n'est pas assujetti à faire quarantaine, on débarque, pour être conduit chez le Gouverneur, qui vous questionne à son tour sur les motifs qui vous amènent dans le pays; quand on a satisfait à toutes ses demandes, & qu'on a, du Médecin & du Député de la Santé, qui vous examinent aussi, un rapport favorable, attestant qu'il n'y a aucun danger, on obtient enfin la liberté d'aller où l'on veut, & cette liberté s'appelle *la Pratique*, c'est-à-dire, la liberté de *pratiquer* le pays.

Mais si le vaisseau est soumis à la quarantaine, un garde de la Santé monte dessus, le conduit au Lazaret, qui est situé dans une petite Isle à l'occident de Malte; voyez la Carte : & ce garde ne quitte plus les gens du navire qu'à la fin du temps prescrit pour cette *purification*. Il fait une recherche exacte de tous les effets contenus dans le vaisseau, vêtemens, habits, linges, chaussure & autre chose d'usage pour le corps; on fait une double quarantaine si le chargement n'est pas neuf. Il n'y a que les bois, les pierres & les métaux qui en soient affranchis, parce qu'on ne les croit pas susceptibles de transmettre la peste. On a peut-être tort à l'égard du bois. Mais toute autre marchandise est déposée au Lazaret.

On est parfumé deux fois pendant ce tems-là. On met tout l'équipage & tous les passagers dans une chambre du navire ou sous l'entre-pont bien fermé; on brûle dans un grand bassin beaucoup de paille : & lorsque la flamme est éteinte on jette sur cette espèce de charbon, un demi *rotolo*, c'est-à-dire environ quinze onces poids de France, d'un parfum qui consiste en une quantité de sortes d'herbes & de drogues aromatiques qui, toutes ensemble, ont la vertu de détruire les miasmes par lesquels la peste pourroit se communiquer.

La première fumigation se fait à la moitié de la quarantaine, la seconde à la fin. Ensuite le premier médecin de la Santé visite toutes les personnes du navire : puis on fait prêter serment à toutes ces personnes & déclarer dans quel état elles se sont trouvées pendant le voyage & pendant la quarantaine : on fait jurer aussi aux gardes de la santé qu'ils ont bien rempli leur devoir. Déguiser quelque chose ou manquer à quelques-unes des règles prescrites par la loi, c'est un crime digne de mort, & puni sans rémission. Pour cet effet il y a dans le Lazaret une potence toute dressée, & le délinquant y est aussitôt attaché que convaincu.

Je n'avois pas été condamné à cette purification, mais je désirai voir ce Lazaret. Quelques jours après je m'y fis conduire dans une petite barque avec le Commissaire de la Santé. Dès que j'approchai de cette petite Isle, je fus frappé par le spectacle le plus nouveau & le plus intéressant pour un peintre d'histoire.

Il y avoit alors dans ce Lazaret environ deux cents personnes de tout âge & de tout sexe, tant

Corsaires que Négocians, de différentes nations. Il y avoit des Pélerins de Maroc qui alloient à la Mecque, dont le vaisseau avoit été jeté sur l'isle de Malte par des vents contraires, & qu'on avoit reçus pour les secourir. Soixante personnes étoient sur le rivage, en dehors des murs du Lazaret. Ils formoient divers groupes : les uns assis à la Turque sur la berge, les autres debout, s'amusant à nous regarder venir, comme nous nous amusions à les voir. Ce qui me rendoit ce spectacle si curieux, c'est que ces gens étoient tous enveloppés dans leurs vêtemens de laine blanche, qui ne laisse distinguer aucune forme connue. Ils présentoient des masses bizarres, qui quelquefois ne conservoient aucune apparence de la figure humaine. On les eût pris pour différens paquets de draperies, sur lesquels on voyoit çà & là, une partie de main ou de visage, surmontée d'un tas de chiffons blancs ou colorés dont ils s'entortilloient la tête. Sur quelques-uns on ne voyoit qu'une barbe & le bout du nez. Ailleurs, les femmes plus cachées ne laissoient presque rien voir de leur figure. Les enfans, moins mystérieux, se montroient plus volontiers. Parmi ces figures étranges il y avoit de bien belles têtes d'hommes.

Débarqués dans cette Isle, nous eûmes la plus grande attention à ne pas approcher & à ne nous pas laisser approcher d'aucune des personnes qui y faisoient leur résidence, ni de celles qui les gardoient. Il faut au moins cinq à six pieds de distance. On ne pourroit pas même tenir par un bout un bâton que tiendroit une de ces personnes. Cependant on peut leur donner du tabac, ou en prendre d'elles, parce qu'on regarde le tabac comme un antidote ; mais on ne doit pas s'y exposer, parce que si leur habit touche le vôtre, il faut achever avec eux le tems de cette retraite : & que sur cet objet il n'y a ni protection, ni raisonnement, ni ruses, qui puissent vous en faire dispenser.

Le vaisseau qui porta la peste à Messine, il y a trente-six ans, avoit touché à Malte & ne l'y avoit pas laissée, parce qu'on y est bien plus sévère qu'en Sicile, où avec de l'argent on fait bien souvent ce qu'on veut.

Nous entrâmes dans les cours où nous vîmes des magasins, des hangars immenses, de longues & larges galeries voûtées & ouvertes par de grandes arcades, & faisant le tour des cours : elles forment différens corps de magasins. Il y avoit de larges tables de deux pieds d'élévation dans toute la longueur de ces galeries. On étale les marchandises sur ces tables, on les développe & on les change de place chaque jour pour les aérer. Il y a des gens préposés pour ces travaux dangereux. Il faut bien se garder de toucher à ces marchandises, car on feroit quarantaine. Lorsqu'il y a de la volaille dans un navire on ne lui fait faire qu'une demi-retraite. Les autres animaux ont des lieux particuliers où ils demeurent aussi le tems présent : parce que la peste est une maladie qui n'est commune aux hommes & aux animaux que par la mal-propreté qui réside dans le poil ou dans les plumes de ces derniers.

Après avoir parcouru ces magasins, nous allâmes voir le fort Manuel, qui en est voisin. Dans la cour de ce fort, on a placé la statue de son fondateur en bronze. Il est représenté avec l'habit que porte le Grand-Maître dans les jours de cérémonie.

De là on nous conduisit à un petit arsenal & aux fortifications extérieures de cette Isle. Je fus enchanté du bel état dans lequel on a soin de les entretenir. Il y avoit un prêtre détenu dans les prisons de cette Isle par ordre du gouvernement, comme coupable ou complice des dernières révoltes qu'il y avoit eu à Malte, peu de temps auparavant.

De retour à Malte & toujours occupé des sombres idées de cette quarantaine, je considérai & je dessinai le lieu qu'on appelle la Barrière de la Santé.

PLANCHE CCLIV.

Plan de la Barrière et du Bureau de la Santé, situés au bord de la mer.

Le corps de ce bâtiment est à l'extrémité du port de Malte, vers le nord. C'est-là que se tiennent les

Plan de la Garrière

DE SICILE, DE LIPARI, ET DE MALTE.

les personnes chargées par le Gouvernement, de veiller à l'exécution des lois faites pour garantir les habitans de l'Isle des maladies contagieuses, que lui pourroient apporter les vaisseaux étrangers.

Quelquefois on se contente d'exiger des vaisseaux un simple retard, en les tenant à l'ancre dans le port même de Malte. On permet de débarquer sur la grève les marchandises qui ne s'imprègnent point de la contagion. On accorde aux hommes que l'on n'en croit point attaqués, de mettre pied à terre, & d'entrer dans des avenues marquées par des bornes alignées, qui conduisent au bureau de la santé. Ces bornes sont jointes l'une à l'autre par des monceaux de bois qui en font des allées ; chacune de ces allées a sa destination, soit pour les étrangers, soit pour les habitans du pays. AA : c'est l'endroit du port où l'on dépose les marchandises ; ensuite on les porte dans les intervalles BB. & CC. Dans ces intervales, on y range séparément ces diverses marchandises. Les marchands étrangers se placent dans la barrière DD, d'où ils peuvent traiter avec les marchands du pays, qui sont arrêtés par les barrières EE. Ces barrières, qui ont environ cent-cinquante pieds de long, peuvent tenir deux mille personnes. Les marchands du pays sont ainsi éloignés des autres par un intervalle de neuf pieds, entre l'avenue D & celle marquée E : espace qu'on a reconnu suffisant pour que la contagion ne se communique point quand elle n'est pas bien forte, & cet espace n'est pas assez grand pour empêcher qu'on ne puisse voir les marchandises dont on traite.

Quand le temps est doux & serein, les marchés se font ainsi en plein air : mais s'il pleut, ou qu'il fasse trop chaud, ces conférences se font dans un bureau voisin, & dans les cabinets I. L. Les étrangers passent par les magasins H. Je n'en ai pas donné la distribution, parce qu'elle est inutile à mon objet. Dans ces cabinets I. L., les marchands étrangers se placent en II, & confèrent par-dessus l'espace GG qui les sépare d'avec les Maltois placés en L. Leurs affaires finies, ils se retirent par les magasins H, & la porte M.

Le reste de l'espace, au bas de cette estampe, est la continuité du port : la partie qui n'est pas représentée dans cette estampe, sont des magasins, & les demeures de quelques Négocians de différentes nations.

Les papiers, comme les lettres, & autres choses qui ne sont pas d'un gros volume, & qui ont besoin d'être expédiées promptement, peuvent l'être sans courir de risque. On les passe au feu pour les purifier, & voici comment : d'abord on les saisit avec des pinces, & on les perce de deux coups de ciseau, qui les traversent de part en part. On les met ensuite dans une petite armoire O, d'environ dix-huit pouces en carré, & d'à-peu-près quatre pieds de haut. Là, sont des grilles de bois qui tiennent lieu de tablettes. Sur ces grilles ont mis les lettres, les papiers & autres objets qu'on veut purifier.

On brûle au-dessous de la paille dans une grande jatte. Quand elle est en charbon, l'on jette dessus des aromates, composées d'un grand nombre de simples bien mêlés ensemble & parfaitement secs. Ces herbes s'enflamment & brûlent dans l'armoire qu'on ferme aussitôt avec une porte à coulisse. Cette fumigation purifie les papiers dans l'espace d'une demi-heure. Alors ils ne peuvent plus communiquer la peste. Q, est l'espèce de cheminée dans laquelle on brûle la paille.

Mais quand les papiers viennent d'un endroit connu, qui demande une double quarantaine, on commence par tremper les lettres dans le vinaigre, & on leur donne deux parfums. L'argent & l'or sont jetés dans un grand bassin plein de vinaigre, cela suffit pour les purifier. Si le vaisseau arrive d'un pays où est la peste, ou voisin d'un pays où elle est, la quarataine est complette pour les gens de l'équipage, & du double pour le navire & les marchandises.

Toutes les précautions ordonnées par les lois du bureau de la santé, sont sévèrement observées, parce que l'on est bien persuadé, que si la peste se répandoit dans l'isle de Malte, ce seroit un peuple perdu. Il n'y viendroit pas de secours : & s'il en venoit, ils ne seroient peut-être pas reçus. Cette réflexion seule fait trembler.

Cette crainte est si vive, qu'on n'a pas confié au Grand-Maître la nomination des Ministres de la fonté. Ils sont nommés par le Conseil de la Religion; le Grand-Maître fait serment à sa réception, au moment où on le couronne, non-seulement de ne s'opposer en aucune manière aux lois prescrites pour la quarantaine, mais même de les protéger & de les défendre dans toutes les circonstances.

J'ai placé dans cette estampe des chaloupes que l'on suppose aller chercher des marchandises à bord de quelques vaisseaux qui sont à l'ancre, au milieu du port, & elles viennent les déposer à terre, en AA.

Tout vaisseau de Barbarie, de Maroc, ou de la côte d'Afrique, soit Alger, Tunis & Tripoli, tout navire qui vient de l'Egypte, de la Syrie, des États du Turc, jusques au golfe Adriatique, même à Zara en Dalmatie, où commence l'État de Venise, fait toujours, même quand il n'y a pas de peste dans ce pays, une quarantaine; elle est de vingt jours pour les personnes & du double pour les marchandises : quand le pays d'où il arrive est suspect, la quarantaine est de trente jours pour les hommes & toujours du double pour la charge du bâtiment. On se règle sur le rapport des Consuls chrétiens qui, au moment du départ des navires, font un procès-verbal de l'état de l'atmosphère, & de la santé des habitans du pays, & le donnent au Capitaine qui est obligé de le remettre au bureau de la santé : il règle la quarantaine sur ce procès-verbal. Il règne à cet égard une bonne-foi de part & d'autre, dont on n'a jamais eu à se plaindre. Si la quarantaine ennuie, elle n'est pas dispendieuse, car tout vaisseau qui la fait à Malte, ne dépense pas, tout compris pour ce retard, plus de trois louis argent de France.

Le Grand-Maître ne peut disposer d'aucune chose concernant la quarantaine, si ce n'est de l'abréger de vingt-quatre heures en faveur de quelques personnes qu'il considère. Le Conseil de la Religion, en lui donnant l'investiture de la principauté de l'isle, se réserve d'approuver les juges civils & criminels, les Officiers de la monnoie & de la quarantaine.

Après toutes les cérémonies usitées en abordant, je montai du port à la ville, appelée la Valette, parce qu'elle fut fondée par le Grand-Maître de ce nom.

Je me logeai dans une assez bonne auberge françoise. J'observai que les usages de Malte, tant pour l'intérieur des maisons, que pour toutes les choses de la vie, sont faits pour plaire à tous les étrangers de quelque nation qu'ils soient. La propreté, sur-tout, y règne jusque chez le peuple le plus pauvre. J'ai vu à cet égard bien des choses qui m'ont étonné.

Je me présentai avec les lettres de recommandation que j'avois du ministre de ma nation, à M. le Commandeur Despene, chargé des affaires de France, qui me présenta à son Excellence Éminentissime le Grand-Maître, & lui demanda pour moi la permission de dessiner les antiquités que je trouverois dans ses états. Cette permission me fut facilement accordée : il donna même des ordres pour que l'on favorisât mes recherches, & qu'on me fournît toutes les choses dont j'aurois besoin. Notre Consul, M. Abela, me combla d'attention, & me rendit des services essentiels.

Pour première course dans l'isle de Malte, j'allai visiter le port de Marzasirocco, afin d'y peindre un reste d'édifice antique.

PLANCHE CCLV.

Reste d'un Temple d'Hercule.

Il est à l'orient de Marzasirocco, à trois cents pas de ce port, sur une petite colline, au bord du chemin, près d'une maison isolée, dans un champ appartenant à des moines Augustins. Il consiste en un beau reste de mur de quatre assises de pierres, de deux pieds de hauteur chacune ; & ces pierres ont cinq à six pieds de long ; elles sont bien jointes, & posées sans mortier. Ce mur a environ quatre-vingt-dix pieds de long.

Reste du Temple d'Hercule

DE SICILE, DE LIPARI, ET DE MALTE.

Ces pierres ne font pas fort dures, on les voit même rongées en nombre d'endroits : cependant il y en a quelques-unes qui ont très-bien réfifté à la corrofion du tems, depuis nombre de fiècles.

La tradition nous apprend qu'il y eut autrefois en ce lieu un temple d'Hercule ; cependant je ne puis prononcer fur la partie de l'édifice auquel ce mur a appartenu. J'ai penfé d'abord que c'étoit le mur du fanctuaire de ce Temple, dont toutes les colonnes & les autres reftes étoient enlevés ; mais fa grande longueur m'a fait douter de cette idée.

Près de là eft une petite chapelle, nommée la chapelle de Notre-Dame des Neiges. Son ordonnance & fa décoration m'ont fait le plus grand plaifir, par le bon goût des formes, par la fimplicité des maffes & des profils. J'ai eu plufieurs occafions d'admirer l'architecture Maltoife pour fes deux qualités, un goût exquis dans les formes des maffes, & une noble fimplicité dans les détails. Certainement les architectes de Malte ne vont pas étudier en Sicile pour s'y former fur les ouvrages modernes.

Le port de Marzafirocco, comme on peut le voir dans le plan, eft fort vafte, & fort peu défendu en raifon de fa grande étendue.

Derrière la petite chapelle de S. Georges, à deux cents pas au nord, on trouve fur une hauteur les débris d'un très-ancien édifice. Sa conftruction eft du genre de celle du temple des Géans. Il préfente deux portions circulaires de douze à quatorze toifes de diamètre, éloignées l'une de l'autre d'un de leur diamètre, & unies enfemble par un mur en retour d'équerre, dont un des côtés fait tangente & s'alonge de huit à dix toifes fur l'un des deux cercles, & l'autre côté fait rayon à l'autre portion du cercle. A la première vue on n'aperçoit qu'un amas de pierres, parmi lefquelles il y en a qui font d'une grandeur confidérable.

C'eft là que j'ai vu la manière dont les Maltois défrichent leur roche ftérile. Ils cherchent les endroits creux, les fentes, les fillons, les cavités où la nature a mis un peu de terre : ils enlèvent cette terre ; ils rempliffent de pierres, le creux du rocher qu'ils ont vidé ; ils étendent fur ce fond les débris de la roche qu'ils ont caffée pour l'aplanir, à côté du creux, & ils replacent la terre fur ces débris, ils lui donnent huit à dix pouces d'épaiffeur & y fement du coton qui vient très-bien.

On voit dans les environs du port de Marzafirocco, une très-grande & fuperbe écurie moderne, taillée dans la roche. Il y a auffi d'autres grottes creufées régulièrement & curieufes à voir.

De ce port je paffai au cafal Gudia, où l'on trouve les reftes d'une tour : la conftruction en eft très-vilaine & très-irrégulière. Elle eft formée de groffes pierres. Cette conftruction eft peut être un chef-d'œuvre de ce temps-là, & elle eft moins irrégulière que les autres édifices de ce genre, dont j'ai parlé. Le nom qu'elle porte ne viendroit-il pas de ce qu'elle étoit mieux faite que les autres? On l'appelle la *Giauard*, c'eft-à-dire la perle, le bijou, le joyau, en langue Arabe ou Phénicienne. Toutes les affifes ne font pas égales pour la hauteur. Il y en a de trente-trois pouces de haut. Les murs ont trois pieds fix pouces d'épaiffeur.

On a trouvé dans cet endroit un vafe de terre cuite, plein de médailles romaines en cuivre. M. le marquis D. C. Barbaro en eft le propriétaire. Mais ce vafe n'étant accompagné d'aucune infcription locale, cette découverte n'a pu faire conjecturer aucune chofe fur ce lieu.

A trois cents pas de-là, vers le couchant, près des ruines d'une petite chapelle gothique, dédiée à Saint-Antoine, on trouve le foubaffement d'un petit édifice antique, & qui paroît être de conftruction grecque. Il a environ neuf toifes de longueur, fur à-peu-près trente pieds de large. Il eft fait de très-grandes pierres pofées à fec. Près de ce foubaffement il y a une citerne d'environ vingt-trois pieds de profondeur fur neuf de large : elle eft creufée dans la roche ; elle a fur fa longueur trois arcs en plate-bande, qui confiftent en fept clavaux, & qui font fupérieurement bien appareillés. Ils portent des dalles de pierres qui couvrent ce réfervoir.

Il y a une autre citerne plus petite dans fon voifinage, au milieu d'un autre enclos. Le refte des édifices qu'on trouve çà & là, vers le fud-eft, prouvent qu'il y a eu autrefois des habitations importantes en cet endroit.

Revenu de ce lieu à la ville, je m'occupai de deſſiner les fragmens antiques que l'on conſerve dans la bibliothèque du Grand-Maître. Cette bibliothèque eſt publique.

PLANCHE CCLVI.

Fragmens d'Architecture, Figures, Bas-reliefs, et Vaſes de différentes eſpèces, que l'on conſerve dans la Bibliothèque publique de Malte.

Le morceau le plus curieux de tous ceux que j'ai vus dans cette bibliothèque, morceau que j'aurois cru ne devoir trouver qu'en Sicile, eſt le piédeſtal AA, orné de bas-reliefs, ſeulement ſur deux de ſes faces. Le principal repréſente une groſſe tête d'homme, de laquelle émanent, comme des rayons, trois cuiſſes & trois jambes. Cette figure, qu'on retrouve ſur nombre des médailles, eſt un emblême de la Sicile. Ces trois jambes ſont alluſion aux trois promontoires de Lilybée, de Pelore, & de Pachino, la tête au Mont-Etna.

Abela nous dit dans ſon hiſtoire de Malte, que ce monument étoit le piédeſtal d'une ſtatue de Proſerpine adorée dans ce pays; & que ſelon l'uſage des anciens, on avoit indiqué, par ces bas-reliefs, que ſon culte venoit de Sicile. Quand une nouvelle divinité étoit admiſe chez un peuple, on avoit ſoin de marquer d'où ſon culte étoit originaire. Ainſi, dans Agrigente, le nom de Jupiter-Olympien, enſeignoit que ce Temple étoit érigé en l'honneur du Jupiter d'Olympie; celui de Jupiter Atabirius venoit d'Atabir, montagne de Crète, & avoit été apporté par les fondateurs d'Agrigente. Je ne doute pas que celui d'Eſculape ne lui vînt directement d'Epidaure.

De chaque côté de ce piédeſtal on voit, ainſi que je l'ai repréſenté ſur la gauche de cette eſtampe, un homme habillé, B, qui retient avec effort un gros poiſſon ſur ſes genoux. Ces deux piédeſtaux n'en font qu'un, dont le ſecond eſt pour faire voir la face latérale du premier, A.

On m'a montré deux petits piédeſtaux qui portent chacun un obéliſque rond, s'élevant du milieu de quelques feuilles d'acanthe, qui ſemblent naître à ſes pieds & l'enveloppent comme un chaton, ainſi que je l'ai repréſenté, CC. Ces obéliſques ſont en marbre blanc & ont trois pieds de haut.

On m'a fait voir auſſi un beau vaſe cinéraire de verre D: il a été trouvé, bien conſervé, dans un tombeau au fond des Catacombes. Il a dix-huit pouces de hauteur. Les autres vaſes E, F, G, H, I, K, L, M, N, ſont tous en terre cuite. O, eſt un véritable chandelier antique: or, on ſait que les anciens brûloient des eſpèces de bougies de cire & du *Papyrus* ſec. Le vaſe L eſt en forme de coquille, il eſt de terre cuite. Tous ces morceaux ont été choiſis parmi ceux qui ſont conſervés dans la bibliothèque publique. Je les ai raſſemblés ainſi par groupes, afin que l'enſemble en fût plus pittoreſque. Je les ai repréſentés réunis ſur un terrain en plein air, afin d'offrir un contraſte au tableau qui eſt deſſous.

Figure ſeconde.

Les vaſes repréſentés dans la ſeconde partie de cette eſtampe, ſont des vaſes étruſques, ils ſont au nombre de trois, & ſe reſſemblent pour la forme. Afin de les varier, je les ai groupés avec d'autres plus petits, d'une figure différente, mais de même nature.

Pour faire connoître que ces vaſes ont des couvercles, j'en ai repréſenté un mis de côté dans le vaſe du milieu, dont on diſtingue aiſément la forme & les ornemens.

PLANCHE

Fragments d'Architecture et de Figures antiques
qui se conservent dans la Bibliothèque publique à Malte.

Vases antiques en Terre cuite
qui sont dans la Galerie du Palais du Grand Maitre de la Religion à Malte.

Bas-reliefs antiques, en Marbre
qui sont incrustés dans le cour de la Galerie du Palais du Grand Maître de la Religion, à Malte.

DE SICILE, DE LIPARI, ET DE MALTE.

PLANCHE CCLVII.

Bas-reliefs en marbre représentant quatre Têtes de femmes.

Ces bas-reliefs sont incrustés dans le mur de la galerie du palais du Grand-Maître de Malte, en face des croisées ; ils sont au nombre de trois. L'un, que j'ai placé le premier dans cette gravure, contient deux têtes, entourées d'une espèce de bordure. Les deux autres sont des morceaux séparés & tels que je le représente ici.

On a inscrit des noms au-dessus de ces têtes, précisément à la place où je les ai gravés : il est donc très-possible que ces bas-reliefs représentent les traits des personnes dont on lit les noms.

La première, A, est Tullie, fille de Cicéron & de Térentia ; son père l'éleva avec beaucoup de soin ; elle fut mariée trois fois ; à Caïus-Pison, à Furius-Crassipes, & enfin à P. Cornelius-Dolabella, pendant que son père étoit gouverneur de Sicile. Sa coiffure est très-simple, mais on n'a pas omis d'y sculpter la mitre, ornement que les femmes de distinction portoient chez les Romains, & qu'elles mettoient au-dessus de leur front, telle qu'on la voit dans les médailles de Spanheim. *Cæsars de Julien.*

La seconde tête, est celle de Claudia-Metelli ; elle est coiffée avec plus de magnificence que Tullie. Sa mitre paroît ornée de pierres précieuses, aussi bien que le col de sa tunique.

La troisième est supposée celle de Penthesilée, reine des Amazones, qui, dit-on, succéda à Orithye, & qui donna tant de preuves de son courage au siége de Troie, où elle fut tuée. On lit dans Pline, livre VIII, chap. 56°, qu'elle inventa la hallebarde. Mais si les Amazones ne sont pas des personnages fabuleux, comment croire Pline ; comment penser qu'avant le siége de Troie on n'eût pas inventé l'art de se battre avec des bâtons ferrés ?

La quatrième tête est celle de Zénobie, cette reine de Palmyre, femme d'Odenat, si fameuse par son courage, par ses vertus, par son goût pour les arts & pour les sciences. Elle se disoit du sang des Ptolémées & descendue de Cléopâtre : elle combattit avec gloire les Perses & les Romains. Elle osa livrer bataille à l'Empereur Aurélien : elle la perdit ; &, réfugiée dans Palmyre, elle y soutint long-temps un siége contre lui. Voyant qu'elle ne pouvoit plus défendre cette ville, elle essaya d'en sortir & de se dérober à la captivité par la fuite : elle fut prise. Elle avoit souvent dit, pendant le siége, que Cléopâtre avoit mieux aimé mourir que d'être prisonnière : heureusement elle ne suivit pas son exemple. Aurélien valoit mieux qu'Auguste : il la conduisit en triomphe au Capitole, où tant de rois avoient été traînés avec humiliation. Il eut pour elle les égards qu'on devoit à son sexe & à son courage ; il lui donna une terre magnifique près de Rome ; elle y vécut aussi heureuse qu'on peut l'être quand on a été reine, & ses filles furent mariées dans les plus nobles familles.

Sans doute ces bas-reliefs ont fait originairement partie d'une collection de femmes célèbres, & ont orné le Palais de quelque homme considérable. Je ne sais même s'ils ne sont pas du tems d'Aurélien & de Zénobie. On n'avoit alors que peu de délicatesse dans le goût, les arts dégénéroient de jour en jour. La médiocrité du style de ces bas-reliefs, & les restes d'un grand nombre de monumens que j'ai trouvés épars de tous côtés dans cette Isle & dans celle du Gose, sont une preuve de cette décadence des arts. Je le ferai remarquer lorsque je m'occuperai de ces monumens, dans lesquels on reconnoît sensiblement les différens âges qui les ont produits, depuis l'époque de leur perfection jusqu'à celle qui est la plus voisine de l'entière barbarie.

En jetant les yeux sur cette estampe, les connoisseurs verront, au premier coup-d'œil, le ton gothique qui y règne, soit dans l'objet principal, soit dans les accessoires de ces différens morceaux de sculpture.

TOME IV.

PLANCHE CCLVIII.

Costumes des Femmes de Malte.

Les femmes de cette Isle se servent de deux sortes d'habits pour paroître en public. Celles d'un rang distingué ont une espèce de mante de soie noire, à-peu-près comme les femmes de Sicile. Les femmes du peuple se couvrent la tête & les épaules d'un jupon A & B, tel qu'on peut le voir dans cette estampe.

Les Maltoises ont, en général, pour tout vêtement dans leur maison, des jupons très-courts, un corset ou un corps de baleine, orné de petites basques à la ceinture, & pour coiffure un voile fin, plus ou moins transparent, selon la modestie, la fortune ou la coquetterie de celle qui le porte. Ce voile, chez les femmes du peuple, est de mousseline claire, & s'attache au-dessus du toupet.

Chez les simples bourgeoises, il le met plus en arrière; les jeunes filles qui pensent que leur beauté doit en être plus piquante, le reculent encore davantage, & le placent aussi bas qu'elles peuvent, tel que je l'ai fait voir en H. Il porte sur la masse du chignon, & est assez saillant. Ce voile est un demi-fichu, dont la forme est en triangle rectangle : il est très-orné. Chez les femmes élégantes, il ne pend pas très-bas, afin que les épaules n'en soient pas trop couvertes. Elles ne doivent point avoir la tête engagée dans les ornemens qui leur couvrent les épaules.

De quelque état que puisse être une femme dans cette Isle, elle s'enveloppe la tête & les bras dans un jupon quand elle sort. Voyez figures A & B. La première est de la classe du peuple. Celle qui est marquée B, a dessus & dessous un jupon de soie noir, tandis que l'autre en a un de toile de couleur pour se couvrir ; mais celui de dessous est de toile bleue à petites raies, alternativement claires & obscures, avec deux larges raies blanches à une certaine hauteur au-dessus du bas de ce jupon. Cette couleur & ces raies font d'étiquette. Toutes les femmes à Malte en portent de semblables, soit en jupon de dessous ou de dessus comme en a. Je n'en ai vu aucune qui n'en eût pas. On m'assura que ce n'étoit pas une mode, mais un usage. Ce jupon s'appelle *Ghesuire*, il se fabrique dans l'Isle.

Les femmes des riches négocians portent la mante de soie noire C, comme les femmes nobles ; leurs cheveux sont peignés de même manière, mais ordinairement elles sont plus modestement lacées. Celle que j'ai peinte ne portoit pas de corps. Elle étoit nourrice, & copieusement pourvue de ce qu'il lui falloit pour nourrir son enfant, ce qui n'est pas rare à Malte. Les femmes croiroient leur enfant perdu si elles le confioient à des mains mercenaires ; il courroit au moins plus de danger. C'est un des bons usages que j'ai vus dans cette Isle.

Les femmes des riches négocians s'assimilent ici, comme ailleurs, aux femmes de qualité, & ont souvent plus de moyens pour étaler du faste. Ici, elles les imitent particulièrement en se faisant suivre par une négresse, qui est domestique ou esclave. La négresse D a précisément le même costume que sa maîtresse. Mais son habit est en laine, celui de la maîtresse est en soie.

Les femmes de qualité E, sont habillées de la même manière que les riches bourgeoises ; mais elles ont ordinairement sous leur mante un corps busqué, de belle étoffe, avec une pièce d'estomac de brocard ou d'étoffe d'or, surmontée d'un bouquet, & qui en marque le milieu. Au-dessus flotte le beau voile qui cède aux mouvemens de la tête, qu'elles portent haute, avec un maintien qui, dans leur marche, annonce de loin la supériorité du rang. Leur principale attitude est d'avoir les mains sur les hanches ; attitude qui, avec leur habit ouvert, leur donne un air de noblesse, par lequel elles affectent de l'emporter sur les autres femmes. Quand une femme marche ainsi ajustée, elle a un éclat d'autant plus frappant, qu'il contraste avec la négresse esclave qui marche humblement à sa suite, & ce contraste lui donne un air de souveraine.

Costumes des Femmes de Malte.

Vue d'un reste de Maison de construction grecque
située au Casal Zucco.

Edicule representé à vue d'oiseau

CHAPITRE QUARANTE-QUATRE.

Reste d'une maison de construction Grecque, au Casal Zurico, & autres antiquités éparses dans les environs. La Maclubba. Édifices antiques Phéniciens. Ornières antiques, creusées dans la roche. Description du lieu appelé le Bosquet. Débris de figures & d'architecture, tant de la Cité vieille, que dans le Rabato & autres endroits de l'Isle. Catacombes. Grotte de Saint-Pe lieu appelé Il Pellegrino, sa description. Jard Grand-Maître de la Religion, appelé Saint- Vue de la montagne qu'on nomme la P Grottes sépulcrales qu'elle contient. Habit antique formée dans la roche, au nord-ouest de Malte, considérée comme étant celle qu'a dû habiter Calypso.

PLANCHE CCLIX.

Vue intérieure, en perspective, d'un reste d'édifice de construction Grecque.

Au Casal Zurico, dans le jardin du Curé ou Chapelain de ce pays, j'ai vu un beau reste d'édifice grec. D'après les observations que j'ai faites sur toutes les masses visibles de cette belle partie d'édifice, je la crois un reste de maison de particulier, une simple habitation. Dans cette supposition, cet objet m'est devenu précieux, parce que c'est le seul de ce genre que j'aie rencontré dans tous mes voyages.

Des édifices publics sont ordinairement considérables ; la solidité de leur construction résiste plus que les autres, & au tems, & à la main destructive des hommes qui veulent renverser tout, tandis qu'on se fait un jeu d'anéantir les ouvrages de peu d'étendue, sur-tout quand leur position contrarie de nouveaux projets, & quand leurs matériaux, comme dans celui-ci, offrent beaucoup d'intérêt, par la facilité de les enlever & de les employer à une nouvelle construction, sans qu'on soit obligé de les retravailler.

Celui-ci, A, plus heureux que tant d'autres du même genre, a bravé un grand nombre de siècles, sans être anéanti. Il m'a aussi intéressé par les profils des corniches qui décoroient l'intérieur des appartemens formés par les murs restans, que j'ai supposés, dans mon dessin, débarrassés des constructions modernes dont on les a chargés pour faire des logemens. Pendant mon séjour à Malte, ils étaient occuppés par le Curé ou Chapelain du casal Zurico, où ce monument est situé.

Le plan que je présente, figure 1, sert à faire connoître l'étendue de cet édifice en tous sens. Il s'étend considérablement en B, ce qui fait croire qu'il avoit de l'importance. Les mêmes lettres du plan désignent les mêmes parties de l'édifice dans l'élévation en perspective, fig. 2.

La tour carrée C, attenante à tous ces murs, est un corps de neuf pieds de large à chaque face, sur dix-sept ou environ d'élévation, compris la corniche, qui, comme on le voit, est fort simple.

A cette tour est une croisée D, une porte E, où j'ai placé dans la vue perspective une figure de femme. Cette porte a une feuillure d'un genre particulier (voyez le plan.) Cette feuillure a la forme d'une rainure : la porte à deux battans, placée dans la cavité de cette rainure, devoit avoir beaucoup de solidité. Elle n'étoit pas ferrée avec des pentures, mais avec des pivots en haut & en bas, & des crapaudines dont on voit les traces.

J'ai observé aux murs F, une petite corniche qui les décorait. Cette corniche est bien du style grec, et d'une fine exécution. J'en ai pris le profil, pour la faire connoître aux architectes de nos jours. Voyez L.

Les murs de cet édifice sont faits en pierre parfaitement taillée & appareillée. C'est à cette perfection que je reconnois le caractère de la nation qui l'a élevé : je n'ai pas besoin de nommer les Grecs. La partie I. de cette estampe représente le jardin de cette espèce de presbytère. Le lieu marqué K fait partie de la rue, qui conduit à une petite place par laquelle j'ai passé, pour aller du casal Zurico au casal Krindi. Sortant de ce pays, j'ai remarqué dans les terres labourées qu'on voit d'abord à droite, une belle citerne, ayant des arcs bien faits, qui servoient à porter de grandes pierres de neuf à dix pieds de long. Ces pierres couvroient l'eau qu'elle contenoit. Dans cette citerne, il y a une porte qui communiquoit à une autre citerne, qui est à six toises de distance, dans laquelle sont des piliers qui portoient aussi les pierres dont elle étoit couverte.

Dans le même chemin qui conduit au casal prochain, j'ai vu un beau mur de soixante pieds de long, formé de grandes & belles pierres, dont il restoit encore trois assises : c'est aussi un ouvrage grec. Tous ces objets contenus ensemble dans un petit espace, & joints à d'autres dont on m'a parlé, mais que les circonstances ne m'ont pas permis de voir, prouvent qu'il y a eu dans ce lieu au moins un Casal antique, & qu'il a dû avoir de l'importance. J'en juge ainsi par la beauté des restes de ces édifices.

De là je passai au lieu appelé la Maclubba, près la chapelle de Saint-Matthieu, lieu curieux & remarquable par le vide considérable que l'on voit formé dans le rocher qui en fait le sol. Ce vide est de vingt toises ou environ de profondeur, & de vingt-cinq à trente de diamètre. Sa forme est circulaire. J'ignore la cause qui a pu donner lieu à une cavité de telle grandeur & de telle forme dans cette roche, qui est de belle matière, assez compacte dans toute son étendue. S'il est permis d'avoir une opinion, je m'imagine que la densité n'en étant pas, en ce lieu, également dure qu'aux environs, cette partie, la moins résistante de la roche, aura absorbé l'eau qui, passant à cet endroit, s'y fixoit & la pénétroit d'abord peu-à-peu. Cette eau aura enfin trouvé un issue à certaine profondeur, en s'échappant vers le midi, où cette roche est escarpée. A peu de distance de ce lieu, l'eau trouvant ce passage, l'aura agrandi avec le temps, vu la quantité qui s'en rassemble de très-loin : car c'est là que se réunissent les eaux de plusieurs petites vallées dans le temps des grandes pluies.

Vue d'un reste d'Édifice antique
dont le Plan est de forme Circulaire
qu'on appelle en langage du pays Tchalaudun Castro.

DE SICILE, DE LIPARI, ET DE MALTE. 99

L'année dernière, un orage considérable remplit à-peu-près toute la capacité de cette vaste fosse, qui fut dix jours à se vider.

La mer est à plus de cent pieds plus bas que le fond de ce gouffre. On y voit de ce côté, où finit l'Isle de Malte, la roche toute fracassée, percée de grottes, de sinuosités qui, certainement, communiquent avec ce vide.

A un mille de là, vers le levant, qui va droit à la mer, à l'extrémité du rocher, qui est taillé à pic, on voit la roche former au bord du rivage un arc superbe, qui est d'un bel effet à voir pour sa grandeur & pour sa forme.

Près de là, en mer, est une petite Isle d'environ un arpent; elle n'est pas habitée, mais on m'a assuré qu'elle l'a été: on l'appelle la *Pierre noire*. De ce côté, la roche offre par-tout à un Naturaliste des particularités fort curieuses.

J'ai remarqué ici, comme à l'Isle du Gose, que la roche se délite horizontalement à trois ou quatre pieds d'épaisseur. Les immenses tables que ce résultat présente, se fendent perpendiculairement en tout sens, sans affecter un retrait régulier, mais en formant de très-grands traits dont il résulte des morceaux de pierre de vingt-cinq à trente pieds de long, que l'on peut employer à bâtir. Cet effet se remarque pendant plusieurs milles. Cette observation, jointe à celle du Gose, m'a encore plus confirmé dans l'idée que ces trois Isles sont de même formation, & qu'elles ont été une seule & même masse de rocher.

De ce lieu on revient à la Maclubba, en suivant le chemin vers le couchant, jusqu'à l'endroit appelé en Arabe par les gens du pays, *Agiardkim*.

On voit en ce lieu un amas considérable de murs droits & ronds, dont l'élévation n'est que d'une assise de pierres posées sur la roche; la construction colossale en est fort étendue du midi au nord. Cet amas présente l'idée d'une habitation qui a été considérable. A tel autre endroit, à côté, on voit des portions de murs qui sont aussi d'une seule assise, dont les pierres sont posées debout. Elles ont douze à quatorze pieds de haut & plus, sur trois à quatre pieds d'épaisseur. Au nord de ces mêmes murs est une pierre de dix-huit pieds de haut.

Au bas de la côte, vers le couchant, est un autre édifice de ce genre. Ce dernier est carré; ses faces présentent le même appareil de pierre que la Tour des Géants du Gose; ces faces ont environ sept toises de large & quinze pieds de haut. Cet édifice se joint à un autre de forme circulaire, distant de ce premier de huit à neuf toises; on y remarque des portes.

Pour ne pas charger davantage l'imagination de mes lecteurs, je vais mettre ci-après l'image fidèle du plus grand de tous les édifices de ce genre.

PLANCHE CCLX.

Vue de l'édifice antique appelé en langue Maltoise Tadarnadur Isrira.

Ce dernier édifice est le plus grand de tous ceux de ce genre dont j'ai parlé dans cet ouvrage. Son plan a la forme d'un cercle parfait, de près de cent pieds de diamètre; du grand nombre de pierres énormes qui formoient cet édifice, il n'en reste que cinq debout, qui nous font connoître quelle devoit être son élévation extrême. Les quatre pierres qui se voient ensemble, posées verticalement, & qui sont marqués A, ont chacune dix-huit pieds de haut: elles sont si bien jointes que cette perfection me fait connoître que ces ouvrages n'ont pas été traités avec négligence, & que si les pierres des édifices de l'Isle du Gose, dont j'ai parlé, sont actuellement mal unies ensemble, c'est que l'effet du tems aura fait agir entre elles les vents avec violence, & y aura produit les intervalles considérables que j'y ai remarqués.

Toutes les autres pierres qui formoient cette enceinte devoient être de cette même grandeur au moins, parce qu'il est probable qu'elles diminuent à leur sommité. Je crois qu'elles devoient avoir toutes vingt pieds d'élévation. J'en juge ainsi par la pierre marquée B, qui est couchée par terre, & que de ce point de vue on aperçoit en raccourci : elle a vingt pieds de long ; dans sa situation verticale, elle ne devoit pas être plus haute que les autres. La pierre marquée C est aussi fort grande ; mais on voit qu'elles sont toutes dévorées par l'air qui les environne de toutes parts depuis tant de siècles. Les autres sont tombées & rompues.

C'est, comme je l'ai dit, la facilité d'avoir, à la surface de la roche de ces lieux circonvoisins, des pierres d'une grandeur extrême, qui a donné occasion de bâtir de cette manière gigantesque : lorsque les Architectes ont ce génie, il y a de grands avantages pour construire : il en résulte une grande solidité pour la durée, & bien plus de difficulté à abattre lorsqu'on veut détruire.

A différens endroits de l'intérieur ou grand emplacement que fait cette circonvallation en pierres, on voit encore les traces des fondations des murs qui divisoient son étendue, & qui ont dû servir à former en partie des maisons, comme je l'ai remarqué dans un pareil édifice de l'Isle du Goso.

Faut-il que les objets qui ont bravé la main du tems, soient toujours, pour avoir droit de nous intéresser, des colosses ou d'immenses monumens en architecture, de longues inscriptions qui présentent l'histoire entière d'un homme ou d'une nation, ou les grandes révolutions de la nature ? N'a-t-on pas vu, & ne voit-on pas encore, une médaille à moitié effacée, un fragment de vase, d'inscription, de figure, d'armure, un morceau de verre même, résoudre une difficulté en levant un doute, porter la lumière la plus éclatante, sur des usages & des choses dont à peine on savoit le nom, conduire l'observateur en méditation dans une région lumineuse où il découvroit un monde nouveau ?

Le goût pour les découvertes, m'a fait contracter l'habitude de l'observation sur tout objet qui a un peu de caractère, c'est-à-dire, qui, à tous égards, n'est pas dans l'ordre ordinaire. C'est en me livrant à cet instinct, que j'ai découvert ce qu'il y a de nouveau dans mon Ouvrage. Je ne sais ce qui résultera des regards que j'ai fixés, des réflexions que j'ai faites, sur une particularité qui s'est rencontrée sous mes yeux, dans la campagne, lorsque je cherchois à m'attacher à quelque chose, semblable à un chasseur qui fait payer les frais de ses courses au premier gibier qu'il rencontre dans la plaine qu'il parcourt.

Ornières antiques.

Je passai de ce lieu, Tadernadur-Ifrira, à un mille ou environ de l'endroit appelé *Il Bosquetto*, sur la hauteur, à la partie méridionale de cette élévation, & j'y vis une des choses qui m'ont le plus étonné : ce sont des Ornières antiques, creusées dans le rocher qui fait la superficie de toute cette campagne.

Qu'on se figure un vaste champ, dont la roche qui en fait le sol est à découvert. La partie de cette roche dont je veux parler, présente l'image d'une large route, qui a été anciennement fréquentée, & qui est abandonnée aujourd'hui depuis long-tems. Ce qui fait connoître son ancienne fréquentation comme route de charroi, c'est qu'on y voit une quantité de cavités, de quatre à six pouces de large, de dix à douze ou quinze & plus de profondeur, dont la longueur est indéterminable. Ces cavités s'appellent ordinairement en France *Ornières* : elles résultent du fréquent passage des roues, qui ont creusé plus ou moins, selon la dureté du terrain. C'est ce que l'on remarque ici.

Ces vastes chemins étoient sans doute, ce que nous appelons *des grandes routes*, parce qu'elles
conduisoient

conduisoient d'une ville à un lieu de quelque importance au bord de la mer.

Cette route étoit très-fréquentée. On y voit plusieurs traces de voitures, c'est-à-dire qu'en plusieurs endroits, sur la largeur de cette route, j'ai remarqué deux Ornières qui suivent parallèlement & constamment la même direction.

J'y ai remarqué aussi des Ornières parallèles, qui traversent ces routes en circulant d'un côté à l'autre diagonalement.

Ces Ornières semblent l'ouvrage d'une voiture très-chargée, à deux roues, qui, en passant dans un terrain attendri par l'humidité, auroient enfoncé considérablement, laissant ce terrain comme s'il avoit été gelé aussi-tôt. Voilà l'image de ce lieu, & le merveilleux que j'y admire : je me suis demandé comment ces voitures ont fait dans ce tems-là ces Ornières dans la roche, & si profondes & si étroites ; car on voit encore aujourd'hui, le long de la route qui conduit de la Vallette à la *Cité-Vieille*, quantité d'Ornières très-profondes & très-larges, creusées dans la roche par le passage des Calèches, qui journellement, vont d'une de ces villes à l'autre : mais ces Ornières sont très-larges. J'ai remarqué aux parties latérales du vide de ces Ornières antiques, des traces qu'a faites le fer de ces roues, lorsque leur partie postérieure s'élève pour sortir de ces profondeurs. Elles sont semblables à celles qu'on observe dans un terrain mou. Mais comment ces traces se sont-elles encore bien conservées ? Si on m'explique cela, je demanderai que l'on m'explique aussi comment ces voitures étoient traînées ou poussées, & par qui ; car il n'y a entre ces Ornières aucunes traces de l'agent qui faisoit cheminer les voitures. Qu'un cheval ou autre quadrupède ou bipède traîne une charrette, il imprime, à la longue, la marque de ses pas en réitérant sa marche sur le sol par où il passe, comme les roues creusent le terrain sur lequel elles roulent. A la place que doit creuser ordinairement le cheval, il ne se voit pas la plus légère apparence de trace d'aucun être qui ait contribué à la marche de la voiture dont les roues ont creusé les Ornières que j'ai admirées tant de fois & si long-tems, en ce lieu & ailleurs.

On ne peut non plus supposer que ces voitures fussent tirées par deux chevaux qui auroient marché sur les traces des roues en s'écartant l'un de l'autre ; la difficulté de la marche du cheval ne permet pas de s'arrêter à cette idée, vu la dureté & la profondeur des Ornières. Ces voitures ne marchoient pas d'elles-mêmes : comment ce qui les faisoit marcher n'a-t-il pas laissé de traces ?

Ces Ornières ressemblent parfaitement à celles que j'ai remarquées près du temple de Cérès, & près du temple de Junon à Agrigente, & dont j'ai parlé. J'ai fait les mêmes observations sur-tout à l'égard des traces nécessaires des pas du cheval ou de son équivalent.

Il y a sur cette même côte un autre endroit où l'on voit des Ornières du même genre, mais elles sont accompagnées d'une circonstance qui les rend bien plus inexplicables que celles dont je viens de parler ; ces Ornières se continuant selon la direction du chemin incliné vers la mer, elles sont mêmes dirigées jusque sous les eaux, où on les voit se perdre à la plus grande distance & profondeur à laquelle les yeux puissent voir un objet à travers les vagues : dans l'état le plus tranquille, on n'en aperçoit pas la fin.

Je demanderai donc ici, comment ces Ornières se prolongent-elles dans la mer ; ensuite pourquoi y ont-elles été pratiquées si loin, sans perdre leur forme & leur parallèlisme ? Seroit-ce le terrain qui, en ce lieu, se seroit abaissé ou la mer élevée ? je manque de moyens pour expliquer ce phénomène : mais quelles qu'en soient les raisons, voilà le fait ; qu'on l'examine, & qu'on l'explique si on peut : c'est ce que j'ai observé.

Continuant ma route, je passai au lieu appelé *le Bosquet du Grand-Maître*. Ce lieu s'annonce de loin par une espèce de château. On voit aux quatre coins des tours carrées qui le dominent, &, à une certaine distance, donnent au château un air singulier. Vers le midi, & plus bas, est un chemin incliné : il est en partie taillé dans le roc, & donne entrée à ce jardin.

Ce bosquet est situé dans un endroit profond & vaste ; c'est le seul canton de toute l'Isle où l'on conserve des arbres un peu grands de différentes espèces : ils ne donnent pas de fruit. On les a disposés de manière à former d'une part un joli parc, & à embellir un jardin, concurremment avec des eaux de sources qui naissent en ce lieu, & beaucoup d'arbres fruitiers, tels que des orangers, des citronniers, des cédras, des bergamottes, &c. De la manière dont ils sont arrangés, ils offrent symétriquement des avenues, des allées, des bosquets, des cabinets de verdure. En face & aux côtés d'un pavillon élevé sur un rocher où l'on a pratiqué une grande arcade décorée, & au fond de laquelle est une grande niche ornée de rocaille assez belle, on voit sortir du fond de cette niche, avec abondance, les eaux qu'on y a rassemblées. Ces eaux se présentent sous différentes formes, jaillissantes, tombantes en nappes, puis faisant différentes cascades dans des bassins qui les reçoivent, & d'où elles s'échappent pour former plus loin des pièces d'eau, où cet élément, devenu tranquille, réfléchit fidèlement le ciel, les nuages & tous les objets qui les environnent, de quelque point de vue qu'on le considère, même à une certaine distance. C'est avec intérêt qu'on voit, en les regardant de près, que ces belles eaux servent d'asyle à un grand nombre de poissons, dont les courses & les jeux amusent à tous les instans, lorsqu'on parcourt cet agréable séjour.

En détournant les yeux de ces objets, les différens sites, les aspects variés de ce charmant bocage offrent des tableaux ravissans, où l'on modère à son gré la chaleur que l'on veut recevoir, par la fraîcheur des eaux dont les vapeurs s'unissent à celles des ombrages, & donnent, en s'enfonçant dans leur obscurité, à plusieurs sens à-la-fois, des jouissances délicieuses, aussi rares que nécessaires dans un pays dont le climat est brûlant.

Les objets de ce genre devroient être plus multipliés, puisqu'on en a la facilité, vu le grand nombre des sources & des fontaines de belles eaux que l'on voit dans cette Isle. Il faudroit pour cela que le système de l'agriculture n'occupât point autant tous les esprits. On a dans ce pays le bons sens de préférer les objets de première nécessité : ceux de faste ou même de simple agrément, sont jugés ne convenir presque qu'au Souverain de l'Isle.

Aux côtés & derrière le pavillon de ce jardin, sont des bâtimens où l'on arrive par des escaliers de chaque côté de ce pavillon. Ces bâtimens forment des cours où sont des animaux. Dans une de ces cours, est un ciel en grillage de fil de laiton, ce qui forme une vaste volière où l'on entretient différens oiseaux & des faisans.

On a réuni dans le parc qui accompagne ce pavillon, des cerfs, des daims, des gazelles ; ces charmans animaux donnent à ce lieu un agrément, un intérêt & une distinction qui convient bien à l'habitation d'un Prince.

Le jour de Saint-Jean, qui est la fête de l'Ordre de Malte, une partie de la jeunesse du peuple Maltois célèbre, cette fête en dansant & se promenant dans ce jardin, qu'elle anime par ses jeux & sa gaieté.

Je me suis transporté du Bosquet à la Ville-Vieille : chemin faisant, je m'arrêtai au Couvent de Saint-Dominique, pour en remarquer l'architecture ; & j'en ai été satisfait. Elle est d'un beau caractère : il y a de la grandeur & de la simplicité. Le cloître présente le bel aspect de la cour des Invalides de Paris. L'intérieur de l'église n'est pas d'un aussi bon style.

Arrivée à la Ville-Vieille.

Cette ville est l'antique *Melita*, qui étoit la capitale de l'Isle de Malte, du Cumin & du Gose.

Elle étoit beaucoup plus confidérable qu'elle n'eft aujourd'hui. Les Sarrafins, après s'être rendus maîtres de cette ville, l'an 828, l'ont confidérablement diminuée, afin qu'elle fût plus facile à défendre en la fortifiant. Elle eft fituée fur un terrain élevé ; vue de loin, elle fe préfente avantageufement par l'afpeét des fortifications dont elle eft environnée ; fon nom lui vient de celui de l'Ifle au milieu de laquelle elle eft fituée.

Elle étoit fort riche en monumens de toute efpèce ; mais du grand nombre & de la variété defquels il ne refte plus rien. L'hiftorien Abela nous dit qu'il y avoit encore de fon tems des étuves & des bains : il n'en exifte plus rien. Les conftructions des Eglifes, des Chapelles de Monaftères & Couvens, ont été les plus grandes & les plus promptes caufes de la deftruction des monuments de l'antiquité. On fe fit un plaifir fecret & un devoir même d'immoler au Chriftianifme tout ce qui portoit le caractère du paganifme.

Noms différens de l'Isle de Malte.

Malte s'appela Yperie, felon Cluvier, puis Ogygia, nom ufité chez les Grecs dans le même tems que les Phéniciens l'appeloient Melita : ce nom-ci indique le refuge que fa pofition offre aux navigateurs, étant fituée au milieu de la mer Méditerranée. Les Phéniciens allant vers l'océan, relâchoient à Malte dans les gros tems : c'étoit donc leur retraite.

Quelques auteurs croient que c'eft la même Ifle qu'Homère a appelée ifle de Calypfo.

Bochart dit que Malta ou Maltha, fignifie ftuc blanc ; & Diodore, liv. V, dit que les Maltois avoient de très-belles maifons recouvertes en ftuc blanc.

L'hiftoire nous apprend que Malte a eu le même fort que la Sicile, & qu'elle a été comme elle fujette à nombre de révolutions. Les premières nations qui l'ont habitée, et dont on ait quelques connoiffances affez certaines, font les Phéniciens. Ils en firent un entrepôt pour leur commerce, vu fa pofition ; ils vinrent s'y établir, environ vers l'an 448 avant la guerre de Troie. Carthage n'exiftoit pas encore. A la première époque de Carthage, il régnoit à Malte un Souverain nommé Battrus, qui reçut Didon dans fes Etats, dit Abela.

Je fupprime ici toutes les puérilités improbables dont Abela remplit fon hiftoire de Malte, relativement aux géans, &c., qu'il prétend avoir habité cette Ifle.

Les habitans de Malte étant d'origine Phénicienne, devoient avoir les mêmes dieux & le même culte que les Siciliens aux mêmes époques. Tous les Auteurs conviennent qu'il y avoit dans cette Ifle un temple confacré à Hercule, & un autre confacré à Junon. J'ai dit que le premier étoit près de Marzafirocco : voyez planche CCLV. Le fecond étoit fitué fur la troifième portion de rocher, au promontoire qui avance dans la mer qui forme le port, en face de la Vallette, à gauche en arrivant dans ce port. Ce Temple étoit fur la partie élevée vers le Sud-Eft, où eft aujourd'hui le fort de Sainte-Marguerite.

Selon Abela, ce Temple étoit d'ordre Ionique, ainfi refait par les Grecs, lorfqu'ils arrivèrent dans cette Ifle vers la onzième Olympiade, c'eft-à-dire, 735 ans avant l'Ère chrétienne.

L'hiftoire nous dit que l'on confervoit dans le temple de Junon des dents d'éléphans d'une grandeur furprenante, & d'un travail admirable : une infcription punique apprenoit que ces dents ayant été volées dans ce Temple par un Capitaine de Maffiniffa, Roi de Numidie, & ayant été apportées à ce Prince, il les fit remettre dans le Temple, ne voulant pas participer au larcin, puifque les Pirates même les plus avides, avoient toujours refpecté les dieux. Verrès l'avoit auffi pillé étant gouverneur de Sicile, mais les Maltois vinrent l'accufer à Rome.

Cicéron, dans fa quatrième Verrine, rappelle le Temple de Junon ; & dans fa cinquième il en parle en ces termes : « Toi Reine Junon, qui as dans deux Isles de nos alliés, deux Temples très-saints & très-anciens, savoir à Malte & à Samos, &c. »

Avant que les Romains s'emparassent de cette Isle, elle avoit alternativement appartenu aux Phéniciens & aux Grecs. Phalaris, dit dans sa lettre 46, qu'il avoit affranchi les Maltois de la servitude. Il les appelle Grecs dans ses lettres 82 & 116; cependant Malte, Gaulus & Lampas, étoient retombées sous la domination de Carthage du tems de Scylax, qui étoit postérieur à Phalaris.

Les Grecs de cette Isle venoient particulièrement de Sicile, & restèrent toujours étroitement liés avec les Siciliens, comme on le voit par deux lettres de Phalaris, à qui ces Grecs demandoient des secours d'argent; & de qui ils en obtinrent. S'ils avaient été Carthaginois ou Phéniciens, en auroient-ils seulement demandé?

Ces Grecs possédèrent aussi les Isles du *Cumin* & du *Gose* qui en étaient dépendantes, & qu'ils remplirent de monumens dont nous avons vu les foibles restes.

Cluvier dit, conformément à cette assertion, que vers la première guerre punique, la garnison se rendit, avec Amilcar, à la discrétion de Simpronius, & lui remit en même-tems toute l'Isle. Cette garnison étoit en grande partie composée de Grecs.

On voit, par une inscription en bronze, l'intimité qu'il y eut toujours, comme je viens de le dire, entre Malte & la Sicile. Elle apprend aussi que Malte avoit un gouvernement démocratique, des Archontes & un souverain Pontife, qui étoit alors en fonction. Cette inscription contient un décret par lequel le Sénat accorde au nommé Démétrius, Syracusain, fils de Diodote, le droit d'hospitalité. Voici le sens du grec :

» Touchant le droit d'hospitalité publique & la bienfaisance,

Faveur accordée à Démétrius, fils de Diodote, Syracusain, & à ses descendans,

Sous le Pontificat . . . . . fils . . . . & sous les Archontes Océros & Cotès.

Il a plu au Sénat & au Peuple des Maltois, vu que Démétrius, Syracusain, fils de Diodote, a toujours été bien disposé, & a souvent été auteur de bien à nos affaires publiques & à chacun de nos citoyens (que bien avienne), il a été arrêté que Démétrius, fils de Diodote, Syracusain, ait droit d'hospitalité comme bienfaiteur du Peuple de Malte, lui & ses descendans, vu sa probité & la bienveillance qu'il a toujours montrée envers notre peuple : & que ce privilège d'hospitalité publique, soit gravé sur l'airain, pour en être donné copie, pareillement gravée, à Démétrius-Syracusain, fils de Diodote.

Les Romains devinrent maîtres de Malte lorsque Marcellus eût conquis la Sicile. Leur domination y fit reparoître, comme en Sicile, les arts, la magnificence & la paix jusque vers l'an 828, que les Sarrasins s'en emparèrent. Les Français normands en chassèrent les Africains, s'en rendirent maîtres, & y rétablirent la religion chrétienne l'an 1197. En 1265, Charles, Duc d'Anjou, frere de S. Louis, fut couronné Roi de Sicile, & régna aussi à Malte.

Sous le Pontificat de Clément VII, lui-même Chevalier-Profès de l'ordre de Saint-Jean de Jérusalem, Charles V, Roi de Sicile, donna cette Isle aux Chevaliers de cet Ordre, en 1530, avec le Gose & Tripoli de Barbarie, lorsque la religion avoit pour Grand-Maître, frere Philippe Villiers de l'Isle-Adam, de nation françoise.

La religion avoit perdu l'Isle de Rhode, son ancienne résidence, qui lui fut enlevée par Soliman II, l'an 1522. Le Grand-Maître, après cette perte, étoit passé à Rome, & la religion résidoit en Italie, errante en plusieurs endroits. Le Pape Adrien VI avoit sollicité l'Empereur a faire cette donation, qui fut accordée, comme je l'ai dit, en 1530, au mois d'octobre. Mais les titres ne furent expédiés que le 14 mars suivant, à Castel-Franco, dans le comtat de Bologne, & présentés, le 25 avril suivant, dans le Chapitre-Général tenu à Syracuse, à la plus grande satisfaction du Grand-Maître & des Chevaliers, avec mille actions de graces.

Le

DE SICILE, DE LIPARI ET DE MALTE.

Le 15 juin de la même année, les Jurés de Malte agréèrent l'entrée & la domination du Grand-Maître & de la Religion dans l'Isle. Le Conseil & toute la ville ratifièrent cette décision, en comblant d'honnêtetés les Commissaires & Procureurs, qui, à l'instant, confirmèrent les priviléges, les usages & les titres du peuple de Malte, & firent serment solemnel d'en observer les conventions.

Le 18 du même mois, les Jurés firent serment de fidélité & hommage au Grand-Maître, Prince de Malte, & à sa Religion, ès mains des Commissaires & Procureurs, dans la Sacristie de la Cathédrale. Le Chanoine-Vicaire-général pendant le siége vacant, l'Archidiacre & le Procureur du Clergé en firent autant.

Le 20 de ce mois, ces mêmes Commissaires allèrent au Gose, prendre aussi possession de la même manière & avec les mêmes formalités qu'à Malte.

L'Université de l'une & de l'autre Isle, envoyèrent des Députés au Grand-Maître, qui alors siégeoit à Syracuse, pour lui rendre prompte obéissance, & se féliciter & congratuler de l'heureux Souverain qu'ils avaient. Ensuite le Grand-Maître & les Religieux, ratifièrent le serment qu'avoient fait les Commissaires au nom de la Religion, de maintenir tous les priviléges de l'Isle.

Le 25, le Grand-Maître Villiers partit avec tout le Couvent qui étoit à Syracuse, & le matin, 26 juin, à deux heures de soleil levé, ils arrivèrent heureusement à Malte.

Le 13 Novembre, le Grand-Maître, comme nouveau Prince, accompagné de tous les Seigneurs Grands-Croix, & de la majeure partie des Chevaliers, fut reçu dans la ville par les Notables, les Ecclésiastiques, les Magistrats, les Nobles & tout le reste du Peuple, en la manière la plus solemnelle, sous un dais porté par le Capitaine de la Verge, des Jurés & du Secret, avec les plus grandes démonstrations de joie. Ce nombreux concours se rendit à la porte de la ville, qui s'étoit trouvée fermée exprès par cérémonie, ou formalité. Alors il répéta le serment de maintenir tous les droits & priviléges de l'Isle. Ensuite on lui présenta deux clefs d'argent. La porte s'ouvrit, & il fut salué par toute l'artillerie, & avec tous les signes de joie & de la plus grande satisfaction. On le conduisit à la Cathédrale pour entendre la messe. Delà il fut mené à la maison du Vice-Amiral de l'Isle, où un dîné splendide l'attendait.

Depuis ce tems la nation Maltoise n'a pas eu d'autre Souverain que les Grands-Maîtres, successeurs de celui qu'elle a reçu. Le Grand-Maître Rohan, qui règne aujourd'hui dans cette Isle, est le soixante-dixième chef de cet Ordre de Saint-Jean de Jérusalem dit de Malte.

Cet Ordre est composé de trois états, Baillis, Prieurs & Chevaliers; ces derniers sont de trois classes: les Chevaliers de justice, les Prêtres conventuels & les Servans-d'Armes. L'Ordre de Malte a en outre des Religieux Prêtres, appelés Prêtres d'Obédience. Il y a aussi différentes maisons de Religieuses, dont une est à Malte, une en Italie, deux en Espagne & trois en France.

Le Grand-Maître de l'Ordre est électif, & n'est que le Supérieur de l'Ordre. La souveraineté réside dans le conseil, composé de cinquante-quatre Grands-Croix, qui remet au Grand-Maître, quelques jours après son élection, la souveraineté de l'isle sur ses habitans, mais se réserve celle sur les religieux qui composent l'Ordre.

L'Ordre est composé de quatre Nations, la France, l'Italie, l'Espagne & le Portugal, l'Allemagne & l'Angleterre. Ces quatre nations sont partagées en huit divisions, qu'on appèle Langues, ou Auberges; la France en a trois, Provence, Auvergne & France: l'Italie en a une, l'Espagne & le Portugal, considérés comme ne faisant qu'une nation, en ont deux; l'Allemagne & l'Angleterre ont aussi deux langues: ces langues sont divisées en Prieurés, &c.

Les Chevaliers vivent à Malte en société, dans des maisons particulières, qui portent aussi le nom d'auberge, avec celui de la division qui l'occupe. Le nom d'*Auberge* vient de l'usage où l'on était de se réunir, aux premiers tems de la formation de l'Ordre, lors du voyage de Jérusalem, dans des auberges pour loger & vivre sous les yeux d'un chef de département.

Le trésor de l'Ordre, qui fait les frais de cette table, est administré par ce même chef, qu'on appèle Pilier : chaque langue a le sien ; & lorsqu'un Chevalier ne mange pas au réfectoire de son auberge, il peut prendre ses repas en argent.

Ces auberges sont décorées de tableaux des Grands-Maîtres, en habits de cérémonies de l'Ordre, & quelquefois avec les attributs des actions mémorables de leur vie. Dans le nombre de ces tableaux j'en ai vu de très-bons.

A l'auberge de Provence, la première langue de la nation Françaoise, j'ai remarqué, entre autres tableaux, le portrait du Grand-Maître la Vallette, & celui du Grand-Maître Rohan : ces tableaux sont de M. Favrey ; le premier représente la prise de possession de l'isle de Malte. Ce tableau a valu à son auteur la distinction flatteuse d'être reçu au rang des Servans-d'armes, sans payer de passage. Le héros du tableau & le peintre se sont également distingués dans cette circonstance.

Dans la salle de l'auberge de France, est une grande quantité de tableaux, entre lesquels il y en a beaucoup qui sont devenus noirs ; mais ceux de M. Favrey, de M. Boisot & Michel-Ange de Caravage, méritent le plus d'estime.

En suivant mes observations sur les tableaux de la Vallette, je vis dans l'Eglise de Saint Dominique, dans la quatrième Chapelle à gauche, le tableau de Sainte Rose, par Mathias Calabrois ; dans l'Eglise des ci-devant Jésuites, à la deuxième chapelle à gauche, sont trois tableaux des principaux événemens de S. Pierre : l'Ange qui le fait sortir de prison, ses adieux à S. Paul & son crucifiement, sont les meilleures productions de cet auteur. Ils sont d'un bel effet & d'une belle couleur.

De ce même Calabrois, dans l'Eglise des Carmes, à la seconde chapelle à gauche, est le tableau de Saint Roch & la Vierge, dont la tête n'est pas belle. Dans l'Eglise de S. Jean, patron de l'Ordre, sous le titre de Saint Jean de Jérusalem, j'ai vu un très-grand nombre de tableaux peints par Mathias Calabrois, qui ornent la voûte de cette Eglise, divisée en compartimens ; ces tableaux représentent les principaux traits de la vie de ce Saint : la plupart sont d'une grande beauté. Le pavé de cette Eglise est en marbre très-varié ; j'y ai remarqué un très-grand nombre de tombes, où l'on a employé un luxe étonnant de marbres différens, dont les couleurs variées forment les dessins allégoriques de toutes sortes d'objets analogues à la vie du dignitaire de l'Ordre, dont les cendres reposent en ce lieu.

Cette Eglise est une des plus riches en ornemens de tous genres, adaptés à l'architecture qui décore son intérieur.

J'ai vu à Malte des Artistes nationaux, en qui j'ai reconnu beaucoup de mérite, mais dont les ouvrages sortent rarement de l'Isle.

L'hôpital de Malte consiste en plus de cinq cents lits. Il y a des chambres séparées pour les maladies différentes ; dans la grande Salle il y a vingt-quatre lits réservés pour les Chevaliers. Cet Hôpital, qui fut, je crois, le premier de l'Europe, est ouvert à tout Étranger ; il y a des chambres séparées pour les nations qui ne sont pas Catholiques ; les principaux Officiers sont tous Chevaliers-Prêtres, Conventuels Servans-d'armes.

L'Hospitalier, chef de la langue de France, en est le Directeur. Il y a dix Prêtres pour desservir ledit Hôpital & assister les malades. Ces malades sont servis en vaisselle d'argent, assiettes, écuelles & couverts.

Il y a un grand nombre de Médecins, Chirurgiens & Elèves attachés à cet Hôpital.

Il existe aussi un Hôpital pour les femmes, qui n'a pas de rapport avec celui des hommes. Il est sous l'inspection du Grand-Maître, qui nomme les Chevaliers qui en ont le commandement. Cet Hôpital peut contenir deux à trois cents lits.

Statue de Junon et debris d'Architecture et de Figure de la Cité Vieille.

Débris d'Architecture et de Figures antiques,
trouvés en différents endroits de Malte et du Goze.

DE SICILE, DE LIPARI, ET DE MALTE.

J'ai passé par le Casal Attard, allant à la Ville-Vieille, où j'ai dessiné dans le jardin de M. le Marquis D. Carlo-Barbaro, un beau reste de figure en marbre, représentant une femme drapée, que j'ai gravée planche CCLVIII, marquée M. Je la crois un ouvrage romain. Je continuai ma route vers l'ancienne Mélita. La partie méridionale de cette Ville est entourée de fossés. Les restes de ses murs sont tellement élevés & escarpés, qu'ils en défendent suffisamment l'accès.

La seule entrée qu'ait cette Ville, est au midi ; elle est accompagnée de tours, & précédée d'un pont-levis.

L'étendue à laquelle cette Ville a été réduite par les Sarrasins, & son peu de population, ne permettent pas qu'on y compte plus de deux cents habitans. Elle consiste en un Palais Sénatorial, une Cathédrale & trois Couvens, tant d'hommes que de femmes : leurs dépendances en font presque la moitié. Quant au Peuple, il y en a si peu, qu'on pourroit tout compter en un quart-d'heure. Le village voisin qui est un fauxbourg de cette ville, s'appèle *Rabbato* : ses habitans sont au nombre de deux mille ou environ.

J'y ai remarqué les mêmes usages que dans le reste de l'Isle à l'égard des personnes qui ne sont pas du pays, c'est-à-dire, beaucoup de politesses ; mais ils ne reçoivent pas chez eux d'étrangers. Ils sont confians, parce qu'ils ont peu d'occasions de voir d'autres personnes que des patriotes.

Lorsque je les observais, il me sembloit voir les hommes aux premiers âges du monde : aussi n'y arrive-t-il de forfaits que très-rarement ; chacun vit de sa propriété sans méfiance & sans trouble. Il y a plus de changemens dans l'air que dans l'intérieur de la société, où l'on ne voit guère de révolution, si ce n'est de celles qu'on appèle politiques, & qui ne sont sensibles que dans la grande ville.

Dans le tems que je me suis trouvé à la Ville-Vieille, j'ai eu occasion de voir le mariage de plusieurs pauvres filles dotées, demeurant au Rabbatto, lesquelles, dans l'instant de cette cérémonie, sont couvertes d'un voile de gaze très-transparent, tel que je l'ai représenté à la figure I, Planche CCLVIII : quoique ce voile fût d'une légèreté extrême, il leur causoit en peu de tems une sueur très-abondante. La figure marquée K, fait voir la manière dont ces filles sont coiffées sous le voile qu'elles portent. La figure L montre la coiffure des petites filles de ce pays.

PLANCHE CCLXI.

Débris de figures et d'architecture antique, que j'ai vus dans la Cité vieille, fig. 1. et différens vestiges d'antiquités, qui sont, tant au Rabbato qu'en différens endroits de l'Isle.

La figure de femme A, est imitée de celle que j'ai vue incrustée dans le mur latéral, à gauche de l'entrée de la Ville-Vieille : cette figure est en pierre, & d'une assez belle proportion ; mais son exécution est au-dessous du médiocre : elle a été restaurée. On a substitué à sa tête propre une mauvaise tête, adaptée comme on a pu sur ce corps défectueux.

Cette figure est bien une Junon, caractérisée par les deux Paons qu'elle porte, un de chaque côté, sur la poitrine.

Que cette figure soit un original ou une copie, elle a un caractère gothique qui la place à une des époques de la décadence des arts : elle est du même tems, à-peu-près, que les figures de femmes en médaillons de bas-relief, dont j'ai parlé dans le chapitre précédent. Cette figure a probablement appartenu à quelque Temple de cette ville, dont on voit les débris des colonnes de tous côtés dans les rues ; la plupart servent pour garantir les maisons des dommages que les roues des voitures peuvent leur faire éprouver. Les chapiteaux de ces colonnes ont bien auſſi le caractère des ouvrages du bas-empire, & la plupart ſont employés aux mêmes uſages.

L'entablement, à-peu-près d'ordre compoſite, marqué B, qui précède cette figure, eſt en marbre: il a en tout trois pieds d'élévation. Ses ornemens & ſes profils émanent du goût grec; mais ils n'en ſont qu'une miſérable copie. Il eſt fort riche en ſculpture, dont l'exécution ne vaut pas mieux que celle de la Junon : ce ſont des productions du même tems, ainſi que la colonne cannelée, torſe, marquée C, qui a dû faire partie du même édifice.

A juger par cet entablement, il eſt aiſé de conclure que ce Temple n'était pas d'une grande élévation, ni par conſéquent d'une longueur conſidérable.

Je penſe que les idées ſuivent l'étendue des connoiſſances; & ſouvent, comme les fortunes, tout s'accroît ou diminue par les mêmes raiſons, & a les mêmes réſultats.

J'ai préſenté ici la corniche D, qui a été trouvée en faiſant des fouilles, près du Palais du Sénat de cette Ville. Elle a ſervi de couronnement à une croiſée de quelque palais ; elle ne m'a pas paru de mauvais goût. J'ai aimé ſes denticules étroites.

L'eſpèce de piédeſtal E qui eſt au-deſſous, eſt de très-mauvais ſtyle ; il eſt caſſé de haut en bas : il étoit chargé d'une inſcription Phénicienne ou Arabe, mais ſi effacée, qu'on n'y pouvoit déchiffrer que peu de choſe. L'autre moitié qui eſt perdue, m'a-t-on dit, donneroit l'intelligence de la partie qui eſt conſervée, ſi on pouvoit les lire enſemble (1). Ce morceau fut trouvé devant ce même palais du Sénat, (où il eſt conſervé) lorſqu'on fit des fouilles pour le pavé de la rue.

Le ſol de cette ville actuelle eſt conſidérablement élevé au-deſſus de ce qu'il étoit anciennement, par la quantité de décombres qu'on y a laiſſés, après les ſiéges & les bouleverſemens qu'elle a eſſuyés ; ces décombres ont été applanis pour bâtir la nouvelle Ville.

La tête F eſt en marbre, c'eſt vraiſemblablement un ouvrage romain ; elle eſt de très-bon goût & de bonne exécution : elle atteſte le ſiècle éclairé des beaux arts dans cette Iſle, ainſi que la baſe & le chapiteau G, H, fig. 2, qui me paroiſſent du même tems, & ont dû appartenir au même édifice. Ce chapiteau renverſé H, a une particularité que je n'ai vue nulle part ; elle eſt dûe à quelques circonſtances locales qui tenaient à la compoſition de l'édifice ; c'eſt d'avoir de chaque côté, au milieu de ſes faces latérales, ſes feuilles du milieu recouvertes, ou cachées, ou occupées par un maſſif K, d'environ quatre pouces de large ſur toute la hauteur du chapiteau, ſaillant d'environ deux pouces par le bas, & de cinq à ſix par le haut : ces débris, ainſi que le fût de la colonne cannelée I, avoient été nouvellement déterrés dans un jardin voiſin, & mis dans la rue où je les ai deſſinés au Rabbato. Ils furent trouvés en 1772. Ce lieu a fait partie de l'ancienne ville.

La colonne M dans ſon chapiteau, porte bien le caractère gothique. C'eſt un corinthien falſifié qui peut aller avec la Junon. J'ai reconnu par les différents diamètres de colonnes, tant liſſes que cannelées, qu'il y a dû avoir cinq ou ſix édifices ornés de colonnes dans cette ville, mais qui n'étaient pas d'une étendue conſidérable.

Le monument N eſt de l'Iſle du Goſe ; je l'ai deſſiné au Rabbato, près le château. L'on me dit qu'il avoit été trouvé dans un tombeau ou chambre ſépulcrale : il m'intéreſſa, quoique très-gothique, par les attributs que l'on a ſculptés au bas du médaillon, qui renferme un buſte de femme : il ſemble qu'on a voulu lui donner un caractère de ſervitude, ou que cette femme ait vécu dans les fers, ou

---

(1) Le Chanoine Agio, un des hommes des plus érudits de Malte, et Bibliothécaire du Grand-Maître, en a donné l'explication autant qu'il a été poſſible.

qu'elle

qu'elle pouvoit mettre à d'autres des fers semblables à ceux que l'on pose aux jambes des criminels ou des esclaves : on verra la preuve de mon idée dans Pignorius, *de Servis*.

Le tombeau dans lequel j'ai placé ce monument singulier, est un Sarcophage en pierre, que j'ai vu à la Vieille-Ville, dans la cour de la sœur du Recteur du collége D. Piétro-Greco ; & la base G est dans la cour de M. le Baron D. Francesco d'Amico Inguanes.

Le morceau N est en marbre. C'est un ouvrage romain, de bonne exécution. Ce morceau est de fantaisie. Il fut appliqué à un tombeau pour le décorer. Il existe au port de Malte, du côté opposé au bureau de la Santé, dans un jardin.

Je me suis rendu dans la maison de M. Piétro-Greco, Recteur du collége, chez qui est une entrée des Catacombes.

Ce que j'ai lu relativement à ces sortes de souterrains de ce pays-ci, & sur-tout dans Abela, m'a appris qu'il y a au moins six endroits de ce genre, reconnus pour antiques, & qui portent le nom de Catacombes. Elles sont fort étendues, & ont des rues dirigées en tous sens, souvent avec une sorte de régularité : ce qui leur a mérité l'épithète de *ville souterraine*.

Ce que j'ai dit & représenté à l'occasion des Catacombes de Syracuse, peut donner une idée de celles-ci. J'ai remarqué dans le plan que rapporte Abela, une grande ressemblance avec celui que j'ai gravé dans le chapitre 32, pag. 93.

Celles de ce pays-ci ont la réputation d'être d'une très-grande étendue. Une histoire particulière moderne, porte qu'il s'y est égaré beaucoup de personnes : s'étant imprudemment exposées à aller fort loin, elles n'ont pas retrouvé le chemin qui les auroit ramenées à l'entrée, & ont péri faute de secours. Pour remédier à cet inconvénient, on a muré, à une certaine distance de l'entrée, ces demeures funèbres. On aperçoit, en parcourant à droite & à gauche, les chemins interceptés par des cloisons, de manière qu'on n'en peut voir qu'une partie, laquelle suffit pour les faire connoître sans exposer les curieux indiscrets à se perdre. En effet, ce qu'on en sait suffit pour connoître ce genre de travail. Prétendre en voir davantage, ne serviroit qu'à faire connoître son immensité, & un plus grand nombre des mêmes choses qui se répètent par-tout où l'on peut aller.

En arrivant, on descend environ huit à neuf pieds, par un escalier de trois pieds de large, qui conduit dans une espèce de galerie. Elle est très-étroite à de fréquens intervalles. On y remarque de chaque côté des sépulcres de toutes grandeurs. Il y en a aussi petits qu'un enfant puisse être. Ce corridor est fort irrrégulier ; il se divise en conduits différens qui forment beaucoup de rameaux. On voit dans un grand nombre de ces routes, qui ressemblent à la première, des salles plus ou moins grandes, garnies de tombeaux. Il y a telle salle dont le plafond demandoit d'être soutenu avec des piliers ; ils ont été faits à l'imitation des colonnes groupées & cannelées sans base ni chapiteau, sans régularité ni goût. Il y a de ces espèces de salles à plusieurs endroits, qui n'ont pas été destinées aux sépultures. On assure qu'elles ont servi d'asyle dans des tems de guerres, soit aux premiers Chrétiens, soit à d'autres peuples qui vouloient se soustraire à la persécution.

Ces Catacombes sont à douze ou quinze pieds environ au-dessous de la superficie de la roche dans laquelle on les a creusées. Cette pierre est tendre & porreuse comme celle du Gose ; à quelques endroits, l'eau la pénètre facilement. Pour empêcher que les eaux qui remplissaient ces corridors, ne s'épanchassent en plusieurs endroits, on a pratiqué au pied des parties latérales des galeries, de petites rigoles couvertes, sur lesquelles on marche, & qui reçoivent ces eaux, & les conduisent à des endroits où elles se rassemblent & se perdent. Par ce moyen on a conservé à ces lieux la salubrité dont on avoit besoin pour les habiter sans danger, lorsque les circonstances obligeaient de s'y retirer, & d'éviter quelques poursuites.

J'ai observé en ce lieu une particularité qui m'a paru curieuse : c'est que la roche étant d'une nature porreuse, elle est tendre; & par une suite de cette qualité, elle s'est trouvée propre à nourir certains végétaux, comme des arbres, ou arbustes ; à sa superficie supérieure, il y a plusieurs de ces arbustes dont les racines ont pu pénétrer cette roche sans la fendre, sans paroître mal à leur aise, & croître jusqu'à 12 à 15 pieds, sur deux à trois lignes & plus de diamètre au sein de la pierre. Mais ce qui m'a paru plus curieux, parce qu'on n'auroit jamais pu s'y attendre, c'est que ces racines aient comprimé les parties de la pierre, pour se faire la place qu'elles occupent en longueur & en grosseur. Pourroit-on présumer que ce seroit la pierre qui se seroit convertie en bois, ou que les parties constituantes de la pierre se seroient rapprochées pour établir le vide qu'occupent ces racines?

Il y a une autre particularité non moins curieuse, c'est que ces racines que l'on voit sortir de la roche, après l'avoir traversée pendant cinq à six pieds d'épaisseur & même davantage, se trouvent dans les galeries de ces Catacombes, & ne sont pas plus grosses à l'air libre qu'elles ne le sont au sein de la pierre, où il est naturel de croire qu'elles sont gênées. Elles parcourent diamétralement ou diagonalement ces galeries, & elles rentrent d'elles-mêmes dans la pierre, & en ressortent sans être ni plus ni moins grosses dans un cas que dans l'autre ; ce qui peut arriver dix fois sur la longueur d'une racine, tant que la roche lui présente des pleins & des vides à traverser, & cela sans qu'elles augmentent ni diminuent de grosseur. Elles n'ont donc pas plus de liberté dans le vide, que de contrainte au sein de la pierre. Je passe à la grotte de S. Paul.

Grotte de Saint-Paul.

J'ai été conduit à la grotte de S. Paul par M. Favrey, peintre du Roi de France, & Chevalier Magistral de l'Ordre de Malte. Elle n'a rien de remarquable. Pour voir cette grotte, on arrive dans une Chapelle souterraine, au-dessous d'une petite église dédiée à Saint-Paul : cette Chapelle a plusieurs divisions. Il y a au milieu une voûte percée, qui communique du jour d'en haut, & qui illumine une statue du Saint, que l'on vient révérer & invoquer en ce lieu. Cette figure est du Cavalier Bernin, sculpteur romain. Elle est composée avec chaleur. Cet Artiste a fait peu de meilleurs ouvrages ; c'est le seul objet qui mérite d'être vu en ce lieu.

Dans un angle à droite, avant d'entrer dans la Chapelle, au bas de l'escalier, est un coin fermé avec une barrière de fer. La grande merveille est à la roche qui fait la voûte de ce lieu. C'est cette roche que l'on gratte : le peuple recueille les débris qui s'en échappent, & croit que cette poudre qu'il obtient, & qu'on ne lui laisse qu'en très-petite quantité, a de très-grandes propriétés, & il en fait usage avec confiance pour certaines maladies connues au pays.

Voilà ce qu'on m'a fait remarquer, en ajoutant que malgré la quantité qu'on enlève de cette roche, elle ne diminue pas : c'est une merveille qui est d'observation.

Sortant de ce lieu, j'allai avec mon confrère voir la petite chapelle de S. Catalde, pour laquelle cet Académicien a fait un beau tableau. Il est d'une belle composition ; l'effet & la couleur en sont vrais : c'est un des bons tableaux de ce maître.

Près delà, à Sainte Marie de Jésu, est, au fond du chœur, un tableau représentant Dieu le père tenant Jésus-Christ entre ces bras. C'est encore un bon tableau.

Delà je passai au lieu appelé S. Antoine ; je l'avois vu en 1770, rempli d'orangers & de beaucoup d'autres arbres fruitiers de ce genre, qui formoient nombre de longues avenues. Dans ce moment-ci, le Prince de Rohan, Grand-Maître, ordonnoit beaucoup de changemens, que l'on exécutoit lorsque j'y passai à la fin de 1777. Je fus très-surpris d'y voir des parterres confidérables tout à

Vue de la Colline appellée Singemma
située près de la cité d'Utille, à Malte, dans laquelle est une très grande quantité de petites cavernes sépulchrales.

découvert, dans un pays où le soleil est brûlant. Il le faisoit orner d'ailleurs avec assez de goût pour en faire les délices de la campagne.

Le Pellégrino.

Je me suis rendu au lieu appelé *Il Pellégrino*, à côté du Gourghinti. Ce lieu est ainsi nommé à cause d'une chapelle où le peuple de cette Isle se rendoit à titre de pélerinage, par dévotion pour un Saint très-renommé. Il n'y a plus en ce lieu que les ruines de beaucoup de maisons, où l'on voit les premières assises de murs établis sur la roche à nud, & qui est plane en ce lieu. Il y a beaucoup de pierres dispersées çà & là. On voit des citernes creusées dans cette roche, quoiqu'à son extrémité, vers le port, il y ait de petites fontaines. Tout annonce, mais avec le plus grand désordre, qu'il y a eu cet endroit un village autrefois renommé, sous le nom de Gourghinti; ce village devoit s'étendre jusqu'au bas de la côte où est un port. Suivant les traditions, il étoit consacré spécialement aux habitans d'Agrigente, qui venoient y débarquer leurs marchandises au temps où Phalaris étoit lié avec les Maltois, & se rendoient des services réciproques de marchandises & d'argent. Ce lieu s'appèle encore le Gourghinti.

En suivant mes courses, j'allai voir les objets curieux de la Bingemma, près la chapelle de N. D. de la Lettre.

PLANCHE CCLXII.

Vue de la Montagne appelée la Bingemma.

Cette montagne est presque plane à sa cime A. Ce fut l'emplacement d'une ville qui a totalement disparu de la surface de cette Isle, & vraisemblablement aussi des recueils de l'histoire. J'ai fait des recherches & des informations; mais je n'ai jamais pu en découvrir le nom, pas même dans Abela; il n'en parle pas, non plus que de ses accessoires. Je ne sais si le nom Bingemma est celui de cette ville qui seroit resté à cette montagne.

Ce qui me fait parler de cette ville, dont rien ne me présente le nom, ni les traces au lieu où elle a été bâtie, c'est tout ce qui n'est pas elle, & qui n'a pu être sans elle. Je la vois exister intellectuellement dans les objets que recèle cette montagne, parce que ces objets n'auroient jamais eu lieu sans une ville qui ait eu même de l'importance, soit par son étendue, soit par sa richesse & ses arts à un éminent degré de perfection.

En face de la chappelle de Notre-Dame de la Lettre, est l'aspect de la montagne que j'ai représentée dans cette estampe, où sont des grottes sépulcrales, au nombre de cent. Voyez B B; elles s'annoncent à l'extérieur par de petits trous noirs, dont quelques-uns conservent, en les considérant de près, l'apparence d'une petite décoration de porte : les autres n'offrent au dehors que les aspérités de la roche, que le temps a brisée à sa manière, c'est-à-dire, très-irrégulièrement, & qui vraisemblablement étoient décorées comme les autres.

Je suis entré dans un certain nombre de ces petits asyles funéraires, sur-tout dans ceux dont l'accès étoit facile & l'entrée libre. J'y ai vu les plus beaux tombeaux, les plus recherchés qui se soient faits, je crois, dans cette grandeur & avec de pareils moyens. D'après cet examen, & considérant les environs, j'ai aperçu des fontaines, un rivage peu éloigné : on l'aperçoit dans le lointain du paysage, que présente la vue de cette montagne à gauche. Je n'ai pas balancé à croire qu'il avoit existé une ville de quelque considération en ce lieu, & qui n'a pu appartenir qu'à la nation Grecque. J'ai cette opinion, d'après la perfection que j'ai remarquée dans la composition & l'exécution de ces tombeaux.

Ce lieu, autrefois magnifique, sans doute, n'est plus qu'un pâturage où j'ai représenté quelques bestiaux & des pâtres.

PLANCHE CCLXIII.

Intérieur, Coupe et Plans des Tombeaux de la Bingemma.

On sait que c'étoit l'usage chez les anciens, & nommément chez les Grecs, de déposer leurs morts en des lieux où ils ne portassent aucun préjudice aux vivans. Pour cet effet, on les déposoit, autant que les circonstances le permettoient, dans l'endroit le plus inculte ; & c'étoit en tirer un grand avantage. J'ai d'ailleurs observé que l'on a préféré en général les expositions au midi.

Ces tombeaux étoient très-enfoncés dans la roche. J'ai levé les plans de trois, & j'ai choisi ceux qui m'ont présenté le plus de variétés, afin que dans ces trois différences, on en connût le plus grand nombre possible. Je crois que le reste ressemble beaucoup à ceux que je présente ici, fig. 3, 4, 5. Celui marqué A, fig. 3, est le plus simple. Le lieu où est placée cette lettre indicative, étoit une espèce de petite antichambre qui communiquoit à ces trois tombeaux E, F, G. Celui de la figure 4, a son entrée en D, & va jusqu'au fond, ayant de chaque côté des espèces de petits cabinets comme je les ai marqués en E, qui étoient réellement autant de petits tombeaux où se mettoient deux & même trois corps dans chaque. B, étoit ce que j'appelle antichambre, & où je crois que pouvoit se faire quelque préparatif pour les funérailles. Ce lieu donnoit aussi entrée à un autre grand tombeau C.

Le troisième, fig. 5, marqué C, ne contenoit que deux tombeaux N. O. Le lieu P, étoit l'endroit dont je viens de parler, destiné à quelque cérémonie en faveur du mort. Je le crois, & je présume que, selon les usages de ce tems, il étoit indispensable, car j'en ai vu par-tout dans ceux où je suis entré.

Il est à observer que dans ces tombeaux il y avoit une extrémité destinée spécialement à mettre les pieds du mort, & le côté opposé à mettre la tête, marqué par une petite banquette de six à sept pouces, où étoient des creux ronds dans lesquels la tête du mort se plaçoit.

Intérieur des Tombeaux.

L'entrée du tombeau, fig. 1, représente en grand l'antichambre du plan fig. 3, où l'on voit le passage de chaque côté E F, par lequel on faisoit entrer les corps que l'on vouloit inhumer en ces lieux, tel que je pense que cela se faisoit, & que je l'ai représenté en E ; c'est un homme qui porte horisontalement, par les épaules, le corps mort, & qui est aidé d'un autre homme qu'on ne voit pas, mais qu'il faut supposer être dans le tombeau, & qui coopère à poser à sa place cet être qui n'a que du poids, & qui est privé de mouvement.

J'ai supposé aussi que les morts étoient embaumés, enveloppés de linceuls, & liés avec des bandelettes, comme je l'ai présenté fig. 2, placé au lieu où il doit rester. Cette idée de les habiller ainsi, m'a été suggérée d'après cette même espèce de tombeau : car il n'est pas naturel de croire que les morts fussent autrement déposés dans un pareil asyle : les Momies, que l'on voit dans les cabinets des

Curieux

Coupes et Plans de Tombeaux
creusés dans la Roche de la Colline appellée Baycmoun, près de la Cité Vieille.

curieux, nous en fourniffent les exemples. Pourquoi cette nation n'auroit-elle pas fuivi cet ufage? car il n'eft pas croyable qu'elle ait fait creufer des tombeaux avec toutes ces commodités & ces convenances idéales, fi on avoit brûlé les morts, & qu'on n'eût voulu que placer en ce lieu, le vafe *cinéraire* qui les contenoit par extrait. Pourquoi auroit-on fait ces petites niches I, I, de chaque côté de la niche K, qui, vraifemblablement, étoit deftinée à placer quelque effigie d'un Dieu tutélaire, & les autres à mettre des lampes pendant les dernières cérémonies des funérailles? Je le penfe ainfi, car je n'ofe pas croire que ces niches fuffent deftinées à des lampes perpétuelles, ne croyant pas à ce prodige de l'antiquité que quelques auteurs ont voulu accréditer.

La banquette G, ayant cette cavité circulaire, y auroit-elle été faite pour un autre ufage que celui que je lui ai fait remplir par la tête du mort, que j'ai placée dans celle qui eft à côté?

La lettre M marque la moitié de la vouffure, dont l'autre partie eft enlevée, & qui étoit formée par ce qui manque à l'endroit N, que j'ai fuppofé ôtée pour laiffer voir cette partie M.

Que conclure donc de ce raifonnement? Que, d'après les données de l'intérieur de ces tombeaux, il n'eft pas naturel de croire que les morts y fuffent giffans d'une manière différente de celle que j'ai fait voir.

En outre, que conclure de la beauté de ces petits réduits, du bon goût de leur compofition, de la perfection & du fini précieux de leur exécution? Qu'il n'eft rien de mieux imaginé; que c'eft faire preuve d'un grand luxe, des belles formes en architecture; que d'avoir employé au chevet de ces tombeaux, une niche dans la cavité de laquelle les morts avoient la tête placée, & que leur corps étoit fous une partie de plafond carré, au bout de laquelle eft une grande vouffure qui couvroit les pieds de ces Momies. J'ai trouvé ce choix d'une recherche exquife, & dont je ne connois nulle part aucun exemple. Or, ceci fait voir que la nation qui avoit ce goût, & qui portoit les foins dont fon génie étoit fufceptible, jufque dans des tombeaux connus feulement de ceux qui les faifoient, & des perfonnes qui y plaçoient les corps, devoit être d'une grande opulence en beautés de formes, pour les prodiguer à ce point dans un lieu perdu pour la gloire des architectes, à moins que la piété pour les morts n'en fût la raifon; mais on ne peut s'arrêter à une idée dont on ne conçoit pas qu'il réfultât un intérêt affez fatisfaifant; ce feroit une idolâtrie qui me paroîtroit folle : j'aime mieux croire que ces beautés provenoient, chez cette nation, de l'habitude de bien faire tout ce qu'elle entreprenoit; & que quand on en a le favoir, la volonté de l'exécution ne coûte plus rien.

Quoique je n'aie vu que ces reftes de la nation qui a habité fur la montagne de la Bingemma, dont la tradition ne dit rien, je fuis porté à croire, par ces petits chef-d'œuvres, que c'étoit un peuple très-inftruit en architecture, & qui poffédoit néceffairement tous les autres arts au même degré, intelligence, richeffes, grands moyens politiques & militaires, &c.... fciences dans tous les genres; car un art très-avancé chez un peuple, ne va pas toujours fans beaucoup d'autres. Ainfi je me crois autorifé à conclure qu'il y a eu dans cette Ifle, finon des fiècles de lumières, au moins des époques fupérieures, des périodes où brilloient de grands talens. J'en juge ainfi, autant par les fragmens de belles figures en marbre, que par ceux de colonnes de bien bon goût, du meilleur ftyle grec, qu'on a trouvés, foit au Gofe, foit ici à Malte : car je ne puis pas attribuer à d'autre nation qu'aux Grecs, & à des artiftes Grecs du beau temps des Romains, les monumens dont j'ai vu les débris magnifiques dans ces Ifles.

Paffons près du lieu appelé la Melleha, fitué au nord de l'Ifle, près de la mer.

PLANCHE CCLXIV.

Vue d'un Rocher dans lequel a été pratiqué une habitation qui est considérée comme ayant été celle de Calypso.

La roche que présente cette Estampe, est exposée au nord. Sa position & sa qualité sont telles, qu'on pouvoit en faire un asyle frais, & y jouir du charme de la vue d'une grande étendue de mer, au milieu de laquelle on a l'Isle du Gose, & plus près encore sous les yeux celle du Cumin, ce qui forme, avec le reste de Malte, un coup-d'œil fort intéressant, & le plus agréable de toute l'Isle par sa richesse, & l'avantage de voir de tous côtés en mer, sans obstacle, le passage des vaisseaux qui cinglent dans ces parages.

Cette habitation consiste en deux étages de chambres l'un sur l'autre. Le premier de ces étages est en A, & le second en B. On parvenoit à ces demeures par le bas du rocher, où est une grotte qui faisoit le rez-de-chaussée de cette habitation.

Au pied de cette roche C, commence un chemin, où sont de petites figures qui s'élèvent peu-à-peu, & qui semblent suivre en DD, cette route, qui se continue par le moyen de petits escaliers EE, pratiqués dans la roche en plusieurs endroits, tels que je les ai représentés. Ils conduisent jusqu'au premier palier A, & jusqu'au second de la même manière, & même jusqu'au troisième, qui peut se voir en F : c'est ici que sont ces grottes à tombeaux, lesquelles portent bien le caractère de la plus haute antiquité, tant par leur forme que par leur extrême vétusté, & leur situation conforme aux loix très-sages de ces tems éloignés (1).

Ces escaliers se verront bien sensiblement au plan ci-devant, fig. 2, Planche CCLIX, ainsi que la profondeur, & à-peu-près le nombre des chambres de chaque étage, autant que l'on peut faire connoitre avec un même plan, deux distributions l'une sur l'autre. On voit plus sensiblement le vaste palier du premier étage A, où sont deux perrons FG, qui servoient à monter du premier au second de ces étages. La lettre K marque une grande chambre au bout de ce premier palier : L indique une grande citerne ou réservoir d'eau, creusée de forme circulaire dans la pierre : il passe sous l'escalier G, à côté duquel est une cuve M carrée, aussi formée avec le même rocher. A côté de la cuve, est un trou rond, par lequel entroient les eaux de pluies, qui y étoient amenées par des rigoles qui les recevoient de toutes les surfaces de ce rocher B. Les endroits NN, sont les chambres du second étage, dont les murs, qui faisoient partie de la face de ce rocher, sont tombés par vétusté. Ces appartemens sont très-logeables & très-secs. Les parties OO sont les plans des grottes funéraires.

La grotte C, qui est au pied de ce rocher, est en grande partie l'ouvrage de la nature. Au fond de cette grotte il sort une source abondante de belle & bonne eau, qui n'a pas peu contribué à fixer des habitans dans ce lieu intéressant, non-seulement par ce que j'ai dit des charmes de sa position élevée, mais encore par les terrains cultivables & bien arrosés dont il est environné, on en a fait depuis des vergers & des jardins, qui ont dû fournir abondamment aux besoins des habitans de cette roche, & qui ont probablement été en grand nombre. Ils ont varié suivant les tems. On m'a assuré que des Hermites ont occupé cette habitation au commencement de ce siècle. On peut voir, par la carte, qu'elle est voisine du rivage d'un des plus beaux ports de cette Isle. Aux premiers tems où elle étoit habitée, ce port pouvoit avoir de la réputation & de l'importance par son commerce.

Me seroit-il permis de faire un choix parmi les différentes opinions qui partagent les Historiens sur

---

(1) Les lettres indicatives pour la vue perspective, peuvent aussi servir pour le plan de cette habitation ; elles sont applicables aux mêmes objets dans l'une et dans l'autre estampe.

Vue d'une Habitation antique
pratiquée dans le Rocher a l'île où conservées comme étant celle qui a occupé Calypso
située au Nord de l'île de Gothe

DE SICILE, DE LIPARI, ET DE MALTE.

le lieu où ils appliquent les noms d'Isle d'Ogygie, où Homère dit qu'habitoit Calypso ? Les idées diverses des Géographes & des Historiens répandent ici une obscurité & une incertitude désagréables, fur-tout depuis que M. de Fénélon nous a rendu cette Isle intéressante, par l'héroïne & le héros de son Poëme de Télémaque.

Après l'avoir lu plusieurs fois, me trouvant à Malte, où je le relus encore, lorsque je fus au lieu qui a, chez les savans de ce pays, la réputation d'être celui où se sont passées les premières scènes de ce roman, j'examinai avec la plus grande attention les rapports qu'il y a entre les détails particuliers du local, & ceux que présente M. de Fénélon, & je ne pus m'empêcher de conclure que ce lieu avoit une très-exacte ressemblance, ainsi qu'avec le texte original de l'Odyssée, livre 5, vers. 57. == 73.

L'incertitude des Ecrivains, due au nombre d'Isles de la Méditerranée qui portent le même nom, doit cesser à l'aspect de la parfaite conformité de tous les détails du lieu, comparés avec les faits rapportés dans le roman, si on les dégage des allégories & des élans poétiques que l'auteur s'est permis pour l'embellissement de son sujet.

Bochart a adopté l'opinion de Cluvier, qui, dans sa description de l'Isle de Malte, prétend que l'antre ou grotte qui est en face de la mer, est absolument conforme à celle que décrit Homère, & conclut delà, avec Cluvier, que Malte est l'ancienne Isle de Calypso ou *Ogygie*.

Ce seroit peu pour moi si je n'avais que ces preuves ; mais lorsque je lis dans Télémaque, page 2, que Calypso aperçut tout-à-coup les débris d'un vaisseau qui venoit de faire naufrage, cela suppose qu'elle étoit à la partie élevée de son habitation, d'où l'on voit très-loin : elle distinguoit même jusqu'au caractère des physionomies ; donc Télémaque n'étoit pas éloigné. *Elle s'avance vers lui, & lui demande comment il a la témérité d'aborder en son Isle ?* Delà un court entretien, où il se justifie, &c., &c. Enfin, lui dit-elle, *Télémaque, il est tems de vous délasser de tous vos travaux ; venez dans ma demeure, je vous y recevrai comme mon fils ..... Télémaque suivit la Déesse environnée d'une foule de jeunes Nymphes. On arriva à la porte de la grotte de Calypso, marquée E, au pié du rocher.* Voilà au plus deux cents pas de faits depuis leur premier entretien.

Il y a voit des fontaines dont l'eau coule avec un doux murmure sur des prés parsemés d'amaranthes & de violettes, &c. ; la jeune vigne qui étendoit ses branches dans la grotte & de tous côtés, n'y est plus ; mais de l'intérieur de cette grotte même & des environs, il sort encore maintenant des fontaines & des sources d'eau pure, qui arrosent des vergers & des prairies avant de se perdre dans la mer. Il est possible qu'en ce même lieu il y ait eu des fleurs qui émailloient des tapis de verdure autour de la grotte & des environs, un bois & des arbres touffus, &c., où l'on entendoit le murmure des eaux s'unir aux chants des oiseaux, comme il est dit page 4 : *la grotte ou logement de la Déesse étoit sur le penchant d'une colline ; delà on découvroit la mer, &c. &c.*

Cette citation est encore parfaitement conforme à mon estampe & à ma description.

Les divers canaux que formoient ces Isles, sembloient se jouer dans la campagne, &c. Ces canaux étoient les intervalles de la mer, qu'il y a encore entre Malte, Cumin & le Gose : à cette époque ils étoient plus étroits ; & les isles, plus étendues, offroient plus de campagnes où ces canaux sembloient circuler. Voyez la carte, & jugez si de l'habitation élevée de Calypso, on ne devoit pas voir, comme sous ses yeux, se succéder les parties visibles de ces trois isles.

On apercevoit de loin des collines & des montagnes qui se perdoient dans les nuages.

Les lointains que forment, de ce point de vue, les montagnes ou collines éloignées du Gose, devoient produire cet effet, & quelquefois offrir un intérêt plus vif encore, puisqu'on voit l'après-midi, lorsque le tems est clair, non-seulement l'isle de Sicile, à trente lieues au nord, mais même le mont Etna, qui est à plus de vingt lieues au-delà du plus prochain rivage de cette Isle : je l'ai remarqué plusieurs fois,

Calypso ayant montré à Télémaque toutes ces beautés naturelles, page 5, lui dit: Reposez-vous; vos habits sont mouillés, il est tems que vous en changiez, &c. Elle le fit entrer avec Mentor dans le lieu le plus secret & le plus reculé d'une grotte voisine de celle où elle demeuroit.

Ceci ne peut s'entendre que d'une habitation conforme à celle dont je donne ici le plan; car le lieu le plus secret & le plus reculé d'une grotte, seroit précisément un lieu humide, froid & obscur, & non pas un lieu proposable comme asyle, à quelqu'un qu'on veut obliger, en le recevant chez soi, avec des vues même éloignées de celles de Calypso. Cet endroit devoit donc être vers le lieu marqué K. Voyez le plan de cette habitation, qui est bien le plus secret & le plus reculé de cette demeure.

Il est donc bien démontré que le lieu de cette scène, quoique poétiquement décrite, est facile à reconnoître; les personnages ont existé, je n'en doute pas; mais les modifications qu'il doit y avoir entre la poésie du roman & la vérité que cette estampe présente, ne doivent pas faire naître de doutes. Il est arrivé souvent quelques traits de bienfaisance analogues à celui de recevoir & de secourir quelques malheureux qui auront fait naufrage en ce lieu. Les hommes de ces tems éloignés étoient simples, bienfaisans; l'hospitalité étoit une de leurs principales vertus. Ils avoient même conçu des Dieux protecteurs des asyles. Ces actes de bienfaisance étoient sacrés, & les lieux où ils en remplissoient les *saints exercices* l'étoient aussi.

Si les recits de l'Iliade, de l'Odyssée, de la Jérusalem délivrée, du Paradis perdu de Milton, de la Henriade, &c., ne nous étoient parvenus qu'en style de gazette, où l'on n'auroit jamais employé ni figures, ni allégories, ni métaphores, ni hyperboles, et que ces recits eussent été littéralement vrais, cela auroit ressemblé à tout ce qu'on sait par l'histoire. Jamais on auroit connu l'Olympe, ni les Dieux; jamais il n'y eût eu de prodiges. Vénus n'auroit été qu'une jolie femme sans Adonis; Hercule n'auroit été qu'un homme vigoureux; Apollon n'auroit pas été le Dieu de la lumière, &c. Les eaux de l'océan, les feux des volcans, auroient été sans Roi, ainsi que les armées sans un Dieu qui les dirige. Les rois des oiseaux n'eussent point habité l'Empyrée, & la foudre n'eût pas été lancée par un Dieu qui, la balance en main, pèse la destinée des hommes, &c. &c.

Le bienfait de Calypso a eu de la célébrité, relativement à Télémaque, dont le père s'étoit fait un nom au siége de Troie. Par un concours de circonstances, Homère l'a su, l'a chanté : les siècles s'accordèrent sur le tribut d'admiration qu'avoient payé à son ouvrage les premiers hommes qui l'ont vanté. Cet ouvrage étonnant, parvenu dans les mains d'un Fénélon, lui a présenté le canevas du corps de morale qu'il vouloit voiler sous le charme d'une agréable fiction accréditée par le tems.

Il a pris ce morceau, il l'a brodé sous les yeux de Minerve : l'ordre de ses idées en a fait un Poëme nouveau, en changeant les circonstances. Il en résulta une autre suite de nouveaux tableaux des plus élégans, dont les sujets avoient été forts simples dans le principe, mais par cette raison très-susceptibles d'avoir eu de la réalité.

Calypso pouvoit être une jeune veuve, ou simplement fille du Souverain de cette Isle, ou reine elle-même, & résider en ce lieu avec ses sœurs, les domestiques ou les esclaves, dans cette douce égalité des tems anciens. Entr'autres actes de bienfaisance, celui qu'elle fit à l'égard de Télémaque, aura passé à la postérité par la voie d'Homère, où M. de Fénélon a puisé son ouvrage que j'ai lu. Enfin, par une suite d'événemens, j'ai vu ce lieu, je l'ai peint, je le présente au public avec les autres objets antiques que j'ai trouvés dans l'Isle, & que je me suis proposé de faire connoître d'une manière qui concilie très-sensiblement la vérité & la poésie. Voilà encore d'une manière nouvelle Télémaque & Calypso sur la scène; quelque autre après moi aura aussi des raisons pour en parler, sans que l'éloignement de l'époque du récit à celle de l'événement, soit un motif pour douter de ce qu'on pourra dire, si l'auteur est fondé sur des vérités locales. C'est

C'est dans ce rapprochement de la vérité & de la fable, qu'on voit, d'un côté, en regardant mon estampe, la nature destituée des ornemens de la poésie, & dans le roman de Télémaque, combien la poésie est nécessaire pour ennoblir certaines vérités, & nous rendre aimable, dans le récit, une nature simple & quelquefois grossière, qui tient dans son origine à ce qu'il y a de plus bas ou de très-indifférent pour nous. On y voit en outre que l'homme de génie sait trouver dans les ressources d'une brillante imagination, les moyens d'élever l'homme ordinaire jusqu'à la dignité de l'Olympe & des Dieux mêmes, par le prestige de l'arrangement des mots, des idées & des choses qu'il sait adapter à celui dont il fait le héros de son poème.

L'imagination exaltée des Poètes, sentant vivement la force des convenances par l'étude de la nature considérée dans ses plus beaux instans, remplit le lecteur du même enthousiasme, qui l'entraîne malgré lui par le penchant qu'il a pour le merveilleux. Une douce illusion égare le lecteur au milieu d'une paix profonde ; il s'oublie dans l'enchantement qui le ravit à la terre, & le rapproche de ce qu'il conçoit de plus sublime, quoiqu'il sente qu'il est encore de la classe des hommes, & que les Dieux dont on l'occupe, ne sont plus des hommes pour lui. Ces Dieux lui parlent, s'entretiennent avec lui, se réunissent autour de lui, le caressent, déguisant leur grandeur à ses yeux pour compatir en quelque sorte aux foiblesses humaines. C'est toujours au gré du génie du poète, que les Dieux quittent leur éblouissant séjour, nous frappent de leur lumière, font sous nos yeux cent prodiges, partagent avec nous leur grandeur, leur pouvoir, leurs jouissances, &, pour ainsi dire, nous *divinisent* comme eux. Voilà très en raccourci les charmes de la fiction.

Si ces tableaux ne sont pas la nature, ils charment au moins par le désir qu'ils font naître que la nature leur ressemble quelquefois. Avec ces agréables chimères, on se dissimule les peines, & l'on jouit de tous les siècles, sur quelque point du globe qu'on se trouve, à quelque époque que ces idées séduisantes nous transportent : tous les lieux, tous les tems, tous les êtres sont rapprochés en un point, & sous ce point de vue on jouit d'un bonheur idéal, d'un enchantement qui ne devroit jamais finir, & l'on aime à se croire heureux, malgré le vide où l'on se trouve après le charme de l'illusion.

FIN DU QUATRIÈME ET DERNIER VOLUME.

TABLE DES MATIÈRES

Contenues dans les quatre Volumes qui composent cet Ouvrage;

Consistant en quarante-quatre Chapitres, dont douze pour chacun des deux premiers Volumes vingt pour les deux derniers.

A

Arrivée à Palerme, Tome I, page 2.
Aventure de Selinunte, Tome I. p. 16
Aventure de la grotte des bains de S. Calagero, Tome I, p. 33 & suiv.
Allégorie de la mort, Tome I, pl. 40.
Alefa, ville antique, Tome I, p. 96.
Antiquités Romaines à Lyparis, pl. 68.
Alicudi, isle de Lyparis, Tome I. p. 128
Antiquités du Cap Pelore, Tome II, pag. 4.
Allégorie de l'ame, Tome II, p. 7.
Antiquités de Messine, idem, p. 7.
Aqua Sancta d'Iaci Catena, idem, p. 65, 66.
Aqueduc d'Aragon, idem, p. 14.
Aqueduc de Lycodia Acatane, pl. 130.
Amphithéâtre, pl. 133, to. II. p. 127.
& Parallèles des principaux Amphithéâtres, Tome II, p. 129.
Athlètes, Tome II, p. 131.
Amphithéâtre (intérieur de l') pl. 134, 135, Tome II.
Anguilles excellentes, Tome III, p. 23.
Aderno, ville antique, ses usages & son histoire, Tome III, p. 24.
Argiro, antique Ancira, Tom. III, p. 36.
Afaro, l'antique Assorus, Tome III, p. 36.
Antella, ville antique, Tome III, p. 41.
Albanais, mariage, Tom. III, p. 42 & suiv.
Albanaises, leurs coiffures, leurs habits, pl. 167, 168, 169, fig. 1, Tome III, p. 45 & suiv.

Alimena, pays moderne, Tome III, p. 52.
Aidone, l'antique Aidonum, Tome III, pag. 56.
Agosta, l'antique Mégare, Tome III, p. 69.
Amphithéâtre de Catane, Tome II, p. 128 & suiv.
Amphithéâtre de Syracuse, pl. 185, 186, Tome III.
Aréthuse, pl. 193, Tome III, p. 98.
Avola, ci-devant Ybla, To. III. p. 119.
Agrigente, son plan, Tome IV, p. 15. Ses vues & ses antiquités, planches suivantes; observations sur cette ville antique & ses habitans, Tome IV. p. 43, 44.
Aragona, son aqueduc, idem, p. 57.
Angira, petite ville antique, idem, p. 61.
Aloès, plante, sa description, Tome IV, p. 65.
Arrivée à Malte, Tome IV, p. 74.

B

Bains Saint-Calogero, & Fontaine Thermale à Sciacca, pl. 23, Tome I. p. 32, 85, 123, 125.
Bas-reliefs, pl. 13, 14, 15, 35, 36, 40, Tome I, &c.
Beliers antiques, en bronze, T. I. p. 64.
Bananiers, pl. 41, Tome I. p. 69.
Blé naturel, Tome I, p. 80.
Bagaria (pays appelé la) Tom. I, p. 82.
Bains antiques de Termini, pl. 47. Tome I.

Bouche de Volcano, pl. 62, Tome I, p. 120, &c.
Bains de Lypari, pl. 67. Tom. I, p. 123.
Basiluzzo, pl. 69. Tome I, p. 69.
Bas-reliefs de l'église Saint-Jacques, à Messine, Tome II, p. 6.
Bara, fête de Messine, Tome II, p. 29.
Bains d'Aly, Tome II, p. 29.
Basalte en aiguille, pl. 110, 111, 112, 113, Tome II.
Blaise-Motta, guide des étrangers pour les voyages de l'Etna, Tome II, p. 86.
Bouches secondaires de l'Etna, Tom. II, p. 97.
Basalte singuliers près du lit du fleuve Simero, Tome II, page 109.
Basalte de Misterbianco, Tome II, pag. 111.
Bains antiques de Sainte Lucie, au midi de l'Etna, Tome II, pag. 124.
Bas-relief en marbre, sujet de Bacchanales & Ulysse, &c., Tome II, pag. 135.
Bas-relief représentant une chasse du Lion, &c., Tom. II, page 136.
Bain antique du Balouard des pestiférés, Tom. 2, pl. 136.
Bains antiques dans le Couvent de Lindrizzo, Tom. III, page 5.
Bains antiques du Temple de Bacchus, pl. 147 & 148, Tom. III, p. 6 & suiv.
Bas-relief antique, Tom. III, pag. 22.
Bain antique & ses cannaux, Tom. III, page 22.
Bain antique d'Aderno, Tom. III, page 24.

TABLES DES MATIÈRES.

Bain antique de Centorbi, pl. 162, Tom. III, page 34.
Bas-relief de Sclafani, pl. 164, Tom. III.
Busachino, pays moderne, Tom. III, page 42.
Bivone, pays moderne, To. III, p. 48.
Bouffonnerie populaire de Castronovo, Tom. III, pag. 15.
Bas-reliefs sculptés sur la roche à Palazzolo, plan. 112, Tom. III.
Buscema, pays antique, &c. Tom. III. p. 114.
Bain antique taillé dans la roche, lieu de l'hermitage de Sainte-Lucie, pl. 199, Tom. III, page 117.
Bains antiques de l'ancienne ville de Caucana, pl. 212, Tom. IV. p. 12.
Baptême selon le rit Grec, Tom. IV. pag. 44.
Bas-reliefs en marbre, de Phèdre & d'Hyppolite, pl. 238, 239, 240, Tom. IV.
Bingemma, montagne, Tome IV, page 108.

C

Chambres, (les quatre) Tome I, p. 7.
Colonnes géométrales du Temple de Ségeste, pl. 4, Tome I, p. 9.
Couvent des Carmes de Trapani, Chapitre II, Tome I, p. 14.
Combat des Amazones, pl. 15. Tom. I.
Campiers Siciliens, Tome I. p. 3.
Castel Vetrano, Tome I, p. 2.
Carte de Selinunte, Tome I. p. 24.
Carrière de Selinunte, Tome I, p. 29.
Calogero (S.) Mont & Grotte curieuse, pl. 23. Tome I, p. 34.
Char de la moisson, pl. 36. Tome I.
Coniglione, où étoit la ville de Schiera, Tome I, p. 40.
Casin du Prince de Palagonia, à la Bagaria, Tome I, p. 41 & 45.
Cinesi, pays aux environs de Palerme. Chasse aux Pigeons, Tome I, p. 54.
Candelabre en marbre, pl. 33. Tom. I.
Chasse de Méléagre, pl. 13. Tome I.
Cloître curieux, Tome I. p. 60.
Colonne de la Vierge, devant l'Eglise de S. Dominique, Tome I, p. 66.
Couvent des Capucins, Tome I, p. 70.

Cathédrale de Palerme, Tome I, p. 64.
Capucin peintre, T. I, page 70, &c.
Char de Sainte-Rosalie, pl. 42. Tome I, p. 75.
Cordes pour les Thonnares, Tome I, p. 84.
Chefalu, ville antique. Tome I, p. 91.
Caronia, ville antique, T. I, p. 98.
Cratère de Volcano & Volcanello, Tome I, p. 65, 66.
Culture & semences de Lypari, Tom. I, planche 135, 136, 137, p. 115.
Chemins creusés en terre, p. 116 & 123.
Chapiteau corinthien singulier, T. I. pl. 36.
Côtes de la Calabre; vue de Sicile au Cap Pelore, Tome II, pl. 73.
Canal de Messine; son plan, Tome II, pl. 74.
Culture de coquilles, pl. 75, Tome II, p. 5.
Carybde, Tome II, p. 4.
Curiosités de Scylla, Tome II, p. 20.
Châtaignier des cent chevaux, Tome II, pl. 114, p. 79.
Coupe de l'Etna, Tome II, p. 119.
Cratère de l'Etna, Tome II, pl. 123.
Cathédrale de Randazzo, Tome II, p. 107.
Chasse aux Vipères, Tome II, p. 107.
Catane, ville & port, pl. 127. Tom. II.
Cathédrale de Catane, Tome III, p. 9.
Cierge de la procession de Sainte-Agathe, Tome III. pl. 149, fig. 4.
Cathédrale; vue intérieure, Tome III, pl. 150.
Cordelier (frere quêteur) Tome III, pl. 150.
Centorbi, pont ruiné, pl. 157 & 158.
Centorbi, plan de la Ville, Tome III, pl. 159.
Contessa, colonie albanoise, Tome III, p. 41.
Castronuovo, Tome III, p. 50.
Camarata, Tome III, p. 50.
Costumes & usages domestiques en Sicile, Tome III, pl. 170, p. 52.
Castronovo; honnêteté de ses habitans, Tome III, p. 51.

Cala-Auturo, pays moderne, Tome III, p. 52.
Castrogioanni, pays antique, p. 53.
Calassibetta, Tome III, p. 54.
Caltagirone, Tome III, p. 56.
Catafano ou Catalfaro, Mont où étoit l'antique Hydria, Tome III, p. 62.
Cérès, son origine, ses temples, Tom. II, p. 142. Tome IV, p. 65.
Carlintini, ville moderne, Tome III, p. 66.
Canal de la Brucca, près d'Agosta, Tome III, p. 67.
Construction singulière, Tome III, pl. 190.
Catacombe de Syracuse, avec ses détails, Tome III, pl. 191, p. 93.
Cyane, Fontaine, Tome III, p. 97.
Cathédrale de Syracuse, Tome III, p. 99.
Cava-grande, Tome III, p. 119.
Cassibili, fleuve, Tome III, p. 118.
Corde (manière de la faire) à Avola, Tome III, fig. 2, p. 202.
Citadella (la) à la Falconnara, pl. 202, Tome III.
Château d'Yspica, Tome IV, pl. 205.
Cavée d'Yspica, Tome IV, pl. 206.
Citerne ou grotte de Saint Philippe, Tome IV, pl. 207, p. 5.
Cloître curieux, Tome IV, p. 6.
Casmena, ville antique, Tome IV, pl. 210.
Croce, (Sancta) lieu de l'antique.
Caucana, Tome IV, p. 12.
Camerina, reste de son temple, Tome IV, pl. 213, p. 13.
Callipoli, colonne restante de son temple, Tome IV, pl. 213, p. 13
Cérès, son Temple à Agrigente, Tome IV, pl. 217. p. 19
Cérès, (Fêtes de) Tome IV, p. 20.
Concorde, son temple, Tome IV, pl. 221, p. 24.
Concorde; coupe de son Temple, Tome IV, pl. 222.
Concorde, inscription latine, Tom. IV, p. 25.
Concorde, cérémonies qui se célébroient dans son temple, pl. 222, p. 25 & suiv.

Concorde, coupe transverſale de ſon Temple, avec le plan, planche 223, & diſſertations, Tome IV, p. 27.
Caſtor & Pollux, reſte de leur Temple, Tome IV, pl. 230, p. 36.
Catholica, Tome IV, p. 60.
Criſtaux de ſoufre, de gyps &c., p. 61.
Carte de la Sicile, pl. 245 & 246, & l'extrait de ſon Hiſtoire depuis ſa formation juſqu'à nos jours, Tom. IV, p. 70 & ſuiv.
Carte des Iſles de Malte, du Cumin & du Goſe, Tome IV, pl. 247.
Coiffures & Coſtumes des habitans de l'Iſle du Goſe, Tome IV, pl. 251.
Catacombes de Malte, Tom. IV. p. 106.
Calypſo: ſon habitation à Malte, Tome IV, p. 111 & ſuiv.

D

Départ de Paris, p. 1.
—— de Naples, p. 2.
—— de Sicile, Tome IV. p. 73.
Deſcription champêtre, Tome I, p. 39.
Deſcription du Mont-Thermini, p. 89.
Dattalo, iſle de Lyparis, pl. 69, p. 129.
Dattier & ſes fruits, Tome II, p. 125.
Le Diſque ou Pallet, Tome II, p. 133.
Débris d'Architecture & de figures, pl. 45, 46, 52, 57. Tome I.
Débris antiques du Muſeum des Bénédictins de Catane, Tome II, pl. 136.
Débris en terre cuite, Tome II, pl. 145.
Débris d'architecture de Malte, Tome IV, p. 106.
Débris d'Architecture du Muſeum du Prince de Biſcaris, Tom. III, pl. 145, 146.
Dépôt calcaire ſur le Mont-Etna, Tom. III. page 23.
Douanne & édifice de Cantorbi, T. III. pl. 160.

E

Elévation géométrale du Temple de Ségeſte, pl. VII.

Enna, ville antique, Tome III, p. 53.
Erix, Temple de Vénus Ericine à Trapani, p. 15, 16.
Enlèvement de Proſerpine; bas-relief de Mazzara, p. 14, p. 20.
Environs de Palerme, tome IV, p. 79.
Edifice antique de Cheſalu, avec ſon plan & ſes détails géométraux, planches 49, 50, 51, 54, 55.
Environs de Tindare, p. 106.
Etuve antique à Lyparis, pl. 60.
Eaux chaudes, Tome II, p. 22.
Mont-Etna, première vue, Tom. II, pl. 88.
Edifice antique, Tome II, pl. 89.
Etna, (Mont) plan de cette montagne, Tome II, p. 56.
Planche 104, Vue orientale.
Planche 105, Vue de ſon ſommet.
Eruption d'eau, Tome II, pl. 105, p. 63.
Ecueils de Baſalte, des Cyclopes, pl. 107, 108, 109. Tom. I.
Eruptions, Tome II. p. 94.
Etna: vue générale au midi, Tome II, pl. 127, p. 113.
Eruption de lave de l'Etna à Catane, en 1669, pl. 127, Tom. II.
Petit édifice de Licatia, fig. 2. pl. 149, Tome III.
Etuve antique, pl. 153, Tom. III.
Ecurie antique de Centorbi, pl. 161, Tom. III.
Enna, ville antique, pl. 171, Tom. III. p. 53.
Eaux jailliſſantes, pl. 172 & 173. Tome III.
Eſcalier de Saint-Philippe, fig. 6 & 7. pl. 191, Tom. III.
Environs de Palazzolo, Tome III p. 115.
Elorine, Tome III, p. 124.
Eſcalier taillé dans la roche, Tom. IV, p. 4.
Eſcalier creuſé dans la roche, au lieu de l'antique Caſinena, Tome IV, pl. 210.
Eſcalier auſſi taillé dans la roche, au lieu où étoit la grande Gela maritime, fig. 4. pl. 213, Tome IV.

Eſculape; ſon Temple, pl. 215, Tom. IV.
Egoûts ſouterrains, pl. 235, idem, p. 40.
Voyage aux environs de Girgenti, idem, p. 56.
Entrée unique de la Forterèſſe de Cocale & de Camicus, pl. 244, idem.
Edifice Phénicien, pl. 249, 250, &c. ſitué dans l'iſle du Goſe.

F

Foires de Sainte Chriſtine, p. 72.
Fragmens antiques, pl. 10, p. 40.
Fontaine moderne, Tome I, p. 65.
Figure antique du Palais Sénatorial, pl. 39, p. 65.
Fête de S. Louis à Palerme, p. 68.
Fête de Sainte-Roſalie, p. 73 & ſuiv.
Felicudi, iſle de Lyparis, p. 128.
Fontaine d'eau douce ſur les volcans, idem, p. 117, 124, 135.
Fêtes de l'Aſſomption à Meſſine, Tome II, p. 8.
Fata Morgana, idem, p. 21.
Fête à Meſſine, idem, p. 17.
Fleuve froid, idem, p. 61.
Formation des Baſaltes, idem, p. 72.
Formation des Volcans; fleuve Salſo, Tome I, p. 109.
Sainte-Agathe, fête, Tome III, p. 10, & ſuiv.
Freboria, (Sancta) idem, p. 60.
Fata Morgana, idem, p. 60.
Saint-Baſile, fief, idem, pl. 174.
Saint-Lio, fief, idem, p. 61.
Foire à Lintini, idem, p. 66.
Fêtes de la Confrérie de S. Philippe & du Saint-Eſprit, pl. 195, p. 101 & ſuiv.
Foſſe antique, pl. 233, idem, p. 41.
Fondation de Ville, idem, p. 58.
Fourneaux à préparer le ſoufre, pl. 242, Tome III. p. 61.
Fertilité du Goſe, Tome IV, p. 76.

G

Grotte de la Sibylle de Cumes, pl. 12, p. 19, 33, 54.
Grotte

TABLE DES MATIÈRES.

Grotte des Baigneurs au Mont Saint-Calogero, pl. 24, p. 24.
Guides & Soldats. Aventures, p. 40.
Gerbe de pierres dans l'état de charbons ardens, pl. 72.
Gymnase, pl. 100 & 101.
Grotte à la neige, pl. 115.
Grotte des Chèvres, Tome II, pl. 121.
Gladiateurs, idem, p. 130.
Grand-Michel, l'ancienne Ochiola.
Grotte à Tombeaux, idem, pl. 108, p. 6 & 7.
Grotte antique de Gasmena, à Scicli, idem, pl. 211.
Grotte sépulcrale, idem, pl. 224.
Grottes (les) pays modernes, idem, p. 57.
Gyps & Soufre cristallisé, idem, p. 57.
Gose (le) isle, & ses antiquités, Tome IV, p. 74 & suiv.

H

Habitans d'Alcamo, pl. 3.
Habits Siciliens, p. 5.
Himère, ville antique, p. 90.
Herser la terre, pl. 103, Tome II.
De Catane, histoire, Tome III, p. 19.
Habits & mœurs des femmes d'Adranum.
Hermitage de Judica, idem, p. 32.
Hermitage la Quisquina, idem, p. 48.
Habitations dans les rochers, idem, p. 67, 68.
Hybbla, idem, p. 120.
Hermitage de Lamadone de la Marine, idem, p. 119.
Hercule ; reste de son Temple, pl. 125.
Histoire naturelle, p. 56, 57 & 58.
Héraclée, ville antique, tome IV, p. 60.
Habitation antique, creusée dans la roche, idem, p. 65.

I

Inscription grecque traduite en latin, & du latin en français ; par M. Lefebvre de Villebrune, avec des observations sur icelle, p. 4.
TOME IV.

Intérieur du Temple de Ségeste, pl. 5. p. 9.
Icara, ville antique, p. 51.
Inscription, pl. 45, 114.
Isles de Lyparis, p. 111.
Iaci, ses usages Religieux, & autres, Tome II, p. 77, &c.
Judica, (le Paradis de) Tome III, p. 32.
Juliana, pays moderne, idem, p. 41.
Jaspe, idem, p. 41 & 46.
Icana, ville détruite, idem, p. 204.
Ispica, château, grotte & cavée, pl. 204, 205, 206.
Junon, son Temple, Tome IV. p. 20.
Junon, description de sa statue, idem, p. 22.
Jupiter Olympien ; reste de son temple, pl. 192, Tome III, p. 227 & 228, Tome IV.
Dissertation sur ce Dieu & sur son Temple, idem, p. 33 & 34.

K

L

Liége (arbre dont l'écorce produit le) p. 96.
Lyparis, isles, p. 108 & suiv.
Laves, p. 120, 121, 124.
Lave curieuse de la Calanna, Tom. III. p. 83.
Lever du soleil au sommet de l'Etna, p. 103.
Léon forte, Tome III, p. 38.
Lac de Proserpine, idem, p. 54.
L'explication, idem, pl. 172 & 173.
Licodia, idem, p. 63.
Lintini, anciennement Leontium, idem, p. 63.
Lac de Lentini, idem, p. 65.
Latomie de Syracuse, idem, pl. 180, 181.
Lucie, (Sainte) son habitation, idem, pl. 199.
Laurent, (Saint) fief, idem, p. 124.
Licata, près de l'antique Gela, méditerranée, p. 13 & 14.

Licata ; ses moulins à farine, Tome IV, pl. 243.
Labour à Malte & au Gose ; charrue antique, Tome IV, pl. 250.

M

Mont-Erix, ville antique, To. I. p. 11.
Marsalla, ville antique, Tom. I. p. 17.
Mazzarra, ville antique, Tom. I. p. 20.
Motya, ville antique, Tome I, p. 16.
Médailles de Lilibée, ville & débris antiques, p. 18.
Méléagre, bas-relief, Tom. I, p. 20.
Manne (la) sa culture & l'arbre qui la produit, pl. 32, Tome I, p. 53.
Muséum de S. Martin, près de Palerme, & ses usages, p. 56.
Mont-Réal, ses antiquités, Tome I, p. 8.
Martorana, Eglise de Palerme, p. 66.
Monastère de femmes, Tome I, p. 67.
Melazzo, Tome I, p. 108 & 138.
Messine, pl. 78, Tome II, p. 1 & 10.
Messine vue extérieurement, pl. 79, idem.
Vues intérieures de Messine, pl. 80 & suiv. idem.
Messine, sa situation, Tome II, p. 25.
Mine de Fiume di Niso, idem, p. 29.
Marbres, leur formation, idem, p. 30.
Mont-Rouge à Nicolosi, pl. 116 & 118.
Médaille d'Amphinomus de Catane, & de son frère Anapius, qui ont sauvé leurs père & mère des feux d'une éruption, Tome II, p. 116.
Muséum des Bénédictins, idem, p. 147.
Moisson, fête, Tome III, p. 151. p. 17.
Monastère de Sancta-Maria del Bosco, Tome III, p. 41.
Mariage Albanais, Tom. III, p. 42 & 44.
Mine de métaux, Tome III, p. 54.
Merveilles de la Sicile, Tome III, p. 55.
Moulins de Lave, semblable à nos moulins à Café, idem, p. 56.
Mine de Sel, idem, p. 52.
Mineo, ville antique, idem, p. 97.

K k

Militello, lieu de l'artique Erice, Tome III, p. 62.
Monument triomphal, *idem*, pl. 175.
Mégare, ville antique, *idem*, p. 68 & 69.
Monument triomphal élevé par Marcellus, après le siége de Syracuse, Tome III, pl. 176.
Moulin antique, *idem*, fig. 2, pl. 179.
Maison antique, appelée des 60 lits, Tome III, pl. 190, 191.
Marc, (Saint) fief où sont des ruines, &c. p. 118.
Monument triomphal appelé l'aiguille, pl. 203. p. 203.
Modica, Tome IV, p. 5.
Magasin de l'antique Casmena, à Scicli, *idem*, pl. 211.
Mattorio, ville antique, *idem*, p. 14.
Murs d'Agrigente, &c. *idem*, pl. 220.
Mur unique d'Agrigente, pl. 231. p. 38.
Monnoie de Sicile, p. 52.
Mesure d'étoffe, *idem*, p. 52.
Mœurs de Girgenti, comparées à celles des Agrigentins, *idem*, p. 53.
Les Macclubbé, Tome IV, pl. 241, p. 58.
Monte Apperto, pays nouveau, *idem*, p. 59.
Mine de Mercure, *idem*, p. 57.
Malte, établissement de la Religion dans l'Isle de ce nom, Tome IV, pag. 10 & suiv.
Moulins domestiques, *idem*, pl. 243.

N

Naumachie de Palerme, pl. 28, p. 44.
Naxos, ville antique, Tome II, pl. 103, p. 59.
Nicolas (saint) couvent de Bénédictins, Tome I, p. 99.
Nicosia, ville antique, ci-devant Herbessa, Tome III, p. 36.
Naphtia, lac, pl. 172 & 173, p. 58, 59.
Noto, ville antique, & ville moderne, Tome III, p. 119.

O

Oratoire de Saint-Philippe de Néri, Tome I, p. 67.
Orgue d'Eole, pl. 60.
Oiseaux sauvages privés, Tome I, p. 137.
Ouragan fameux, Tome II, p. 27.
Odeum ou petit Théâtre, *idem*, pl. 139, 141, 142.
Obélisque Egyptien développé, *idem*, fig. 5. pl. 143, 144.
Observations sur Catane, Tome II, p. 142.
Orphelines de Catane, Tome III, p. 18.
Oreille de Denis, grotte, Tome III, pl. 182, 183.

P

Processions des habitans d'Alcamo, pl. 3. Tome I.
Plan du Temple de Ségeste, même planche que ci-dessus.
Plan du Théâtre de Ségeste, pl. 7. Tome I.
Pierre curieuse à Trapani, Tome I, p. 15.
Pont antique de Lilibée, aujourd'hui Marsalla, Tome I, p. 18.
Processions nocturnes de Castel-Vetrano, p. 23.
Prince Palagonia; description de son casin, Tome I, p.
Paterno, arrivée, Tome I, p. 44.
Prise du Thon, pl. 29.
Pêche du Thon, pl. 30. p. 46.
Palais de l'Archevêque de Palerme, Tome I, p. 69.
Pied antique, pl. 43, Tome I, p. 81.
Ponts de la Sicile, *idem*, p. 82.
Plan des Bains de Thermini, pl. 46.
Pêche de Sardines, du Mulet, &c., Tome I, p. 89.
Promenades, p. 62, 73, 74 & 213.
Piété des Liparotes, Tome I, p. 122.
Pannaria, autrefois Thermesia, p. 135, *idem*, 136, 137.
Pouding, sa formation au port de Messine, Tome II, p. 12.

Pêche du poisson épée, Tom. II, p. 19.
Palazzata de Messine renversée, pl. 86, 87.
Promontoire de Castel d'Iaci, pl. 111, 112.
Paterno, Tome II, p. 110.
Plan de la ville de Catane, *idem*, pl. 128.
Pugilat, *idem*, p. 132.
Pancrace (du) *idem*, p. 132.
Puits antique, pl. 143. Tome II.
Prince de Biscaris, son Museum, Tome III, p. 3.
Paterno, *idem*, p. 21.
Polizzi, *idem*, p. 40.
Prizzi, lieu de l'antique Hyppana, *idem*, p. 46.
Pallazzo-Adriano, *idem*, p. 42.
Piazza, pays moderne, Tome III, p. 35.
Philosofiana, Tome III, p. 55.
Palica, ville antique, pl. 72, Tome III, p. 57.
Palagonia, pays moderne, Tome III, p. 61.
Pressoir antique, pl. 179.
Prison antique, Tome III, p. 184.
Palazzolo, pays moderne, Tome III, p. 111.
Pittoruta, édifice antique, pl. 202. fig. 2.
Pachino, ville moderne, Tome III, p. 124.
Puits curieux de S. Philippe, Tome III, p. 93.
Pierre inflammable, Tome IV, pag. 7.
Palma, ville moderne, Tome IV, p. 15.
Port de Girgenti, Tome IV, p. 50 & 51.
Phénomène terrestre, tome IV. p. 58.
Plata, fleuve de Catholica, Tome IV, p. 60.
Procession du Dimanche des Rameaux, Tome IV, p. 62.
Paul (grotte de Saint) Tom. IV, p. 107.
Pellégrino, Tome IV, p. 108.

Q

Quisquina (la) Tome III, p. 48.

TABLE DES MATIÈRES.

R

Route d'Alcamo, p. 4.
Route de Trapani, p. 14.
Route & souper champêtre, p. 39.
Religieuses non cloîtrées, pl. 61, To. I. p. 14.
Raisins secs, Tome I, p. 137.
Réservoir d'eau, son plan, pl. 98, autre pl. 99, Tome II.
Randazzo, lieu de l'antique ville de Tissa, Tome II, p. 107.
Réservoir d'eau de Licodia, près Aderno, pl. 129. Tome II.
Rotonde, fig. 1, pl. 143, Tome II.
Réservoir d'eau appelé l'aumône, près de Catane, pl. 149, Tome III.
Réalbuto, ville moderne, To. III. p. 35.
Rosalie, (Sainte) Tome III, p. 48.
Réservoir d'eau, pl. 174, To. III, p. 61.
Réservoir d'eau, pl. 184, Tome III.
Rivage depuis Syracuse jusqu'à Pachino, pl. 100. Tome III, p. 221.
Raguse, ville antique, Tom. IV, p. 6.
Ruches creusées dans la roche, planches 209 & 210, Tom. IV.
Racalmuto, l'antique Erbessa, Tom. IV, p. 56.
Rafadale, lieu antique, Tome IV, p. 60.
Réflexions philosophiques sur les révolutions de la Sicile, T. IV. p. 71.

S

Ségeste (temple de) Tome I, p. 9.
Saline, Tome I, p. 17, 126.
Sarcophages décorés de bas-reliefs, pl. 13, 14, 15, 35, 36, 40, 75, 76, 135, 138, 139, 140, 154, 164.
Superstitions, Tome I, p. 14, 15, 19.
Sélinunte, ville antique, p. 23 & suiv.
Sciacca, ville antique, p. 37.
Salaison d'Anchoix, pl. 35, p. 37.
Sel, (mine de) p. 52, Tome III, p. 57. Tome IV.
Sel naturel, minéral, Tom. IV, p. 54, 55.
Statues en marbre, pl. 34, 52, &c.
Solunte, ville antique, pl. 43, p. 80.
Source curieuse, Tome III, p. 53.
Soufre, Tome IV, p. 56, 61, 119.
Saline, isle de Lyparis, pl. 68. To. I.
Strombolino, écueil, Tome I, pl. 69. p. 129.
Stromboli, isle de Lyparis, pl. 71, 72.
Scylla, voyage à ce pays, Tom. II, p. 20.
Station des Voyeurs au Mont-Etna, Tom. II, p. 101.
Sommet de l'Etna; description, To. II, p. 102, 103, 105.
Salinelles, pl. 125, Tome II.
Sources curieuses, pl. 115, p. 110, 111.
Sperlingua, pl. 163, Tome III, p. 38.
Sambucca, pays moderne, Tom. III, p. 41.
Statue de Minerve de Polizzi, pl. 167, Tome III.
Steffano, (St.) Tome III, p. 48.
Sel rouge en mine, Tome III, p. 32.
Sources curieuses, To. III, p. 53 & suiv.
Syracuse, carte de cette ville, planche 177, Tome III.
Sources d'eau douce dans la mer, Tome III. p. 120.
Superstitions des Habitans de Noto, Tome III, p. 119.
Constructions Siciliennes ou Phéniciennes, Tome III, p. 123 & 125.
Spaccaforno, Tome III, p. 125.
Staffenda, fief, pl. 104, To. III, p. 125 & 126.
Spaccaforno, fête, Tome IV, p. 4.
Scicli, ville moderne, au lieu de l'antique Casmena, Tome IV, p. 9.
Soufrière très-belles, To. IV, p. 15.
Source d'huile naturelle, To. IV, p. 37.
Sarcophage en marbre, & vase funéraire d'Agrigente, &c., pl. 235; Tome IV.
Sarcophage en marbre de la Cathédrale d'Agrigente, pl. 238, 239, 240, Tom. IV. p. 49.
Sources intermittentes, To. IV, p. 58.
Sicoliana, Tome IV, p. 62, 63.
Saline appelée de l'Horloge, située au Gose, pl. 152, To. IV, p. 81.

T

Théâtre de Ségeste, chapitre II, pl. 7.
Temple de Sélinunte, pl. 17 & suiv. p. 14 & suiv.
Temple de Syracuse, Tome IV, p. 95, 99.
Temple d'Agrigente, To. IV. p. 17. & suiv.
Tonnare de Palerme, pl. 28, Tom. I, p. 44.
Théâtre, pl. 7, 8, 57, 58, 65. T. II.
Tombeaux, Tome I, p. 44, 56, 89, 97, Tom. II, 98, 132, 149, Tom. III, 178, 212, 216, Tom. IV.
Tableaux des différentes Eglises de Palerme, p. 67 & 68.
Thermini, ville antique, pl. 44, p. 52 & suiv.
Tusa, ville antique, Tom. I, p. 95.
Tindare, ville antique, pl. 53, 54, 55, 56, 57, 58, 59, p. 99.
Tremblement de terre, Tom. I, p. 23.
Tavormine, pl. 86 & suiv.
Théâtre, (vue générale du) pl. 91, intérieur, 92, ses plans, &c. 95. To. II.
Torré Rossa, pl. 103, Tome II, p. 59.
Tour du Philosophe, pl. 122, To. II.
Terre (la) ou la nature, statue dont la description a été donnée par Arcangel, Tome II, p. 121.
Tombeau dans le Couvent des Récollets, pl. 132, Tom. II.
Théâtre de Catane, pl. 139, 140.
Temples divers de Catane, Tome II, p. 143.
Tombeau situé près de l'Hôpital Saint-Marc, pl. 149, fig. 1. Tom. III.
Tombeau qui fait partie de l'Eglise du Salvator, Tome III, p. 9.
Traina, ville antique, To. III, p. 35.
Tourette (la) Tome III, p. 68.
Tombeaux taillés dans la roche, pl. 128, Tome III.
Théâtre de Syracuse, son plan, &c. pl. 181, 182, Tom. III, p. 181.
Théâtre de Syracuse, vue générale, pl. 187, 188, & 189.
Temple de Minerve, pl. 194. Tom. III.
Temple de Diane à Syracuse, Tome III, p. 100.

TABLE DES MATIÈRES.

Tonnare de Marzamemi, p. 114.

Terranova, ville moderne, au lieu de l'antique Gallipoli, Tom. IV, p. 13.

Temples d'Agrigente, Tom. IV, p. 16. & suiv.

Tombeau dans une grotte, pl. 224, Tom. IV, p. 28.

Theron, son tombeau, pl. 219 ; dissertation sur ce tombeau, Tome IV, p. 28.

Temple (petit) antique, dans le couvent de S. Nicolas, pl. 234, Tome IV. p. 42.

Théorie de la formation de la Sicille, Tome IV, p. 67 & suiv.

Tombeaux de la Bingemma, Tome IV, p. 108.

V

Voyageurs Siciliens, pl. 2.
Vases en marbre, pl. 11, 34.

Vase cinéraire, planche 11 & planche 34.

Urne cinéraire, planche 11.

Usage, relativement aux femmes, p. 22.

Usage de Sciacca, p. 35 & suiv. 85.

Usage de Cinesi, relativement aux enfans, p. 55, 107.

Vases étrusques du Muséum de Saint-Martin, pl. 33, p. 57.

Vases en terre cuite, pl. 35, 68.

Volcano, isle, pl. 62, 63, 64, To. I.

Volcanello, pl. 65.

Verre minéral de volcan, To. I, p. 123.

Volcans sous-marins, Tom. I, p. 135.

Vierge (la) représentée par une jeune fille, pl. 78, Tome II.

Vêpres Siciliennes, Tom. II, p. 39.

Vie des Volcans, To. II, p. 91, 92, 93.

Volcans, Tome II, p. 114.
Paterno, usage, Tome III, p. 23.

Urne cinéraire de Cantorbi, fig. 1. planche 161, tome III.

Vizzini, pays moderne, Tom. III, p. 62.

Usages anciens du Temple de Jupiter Olympien, Tome III, p. 96.

Vindicari, isle, Tom. III, p. 221.

Vallée de la grande fontaine à Raguse, pl. 209. page 8.

Vivier d'Agrigente, Tome IV, p. 37.

Vase étrusque, planche 236, To. IV, p. 47.

Vases en terre cuite, en bronze & en or, p. 237

X

Y

Z

Ziza, (la) édifice Sarrasin, p. 49.
Zabbara ou Aloës, Tome IV, p. 65.

Fin de la Table.

www.ingramcontent.com/pod-product-compliance
Lightning Source LLC
Chambersburg PA
CBHW070659100426
42735CB00039B/2316